JÜRGEN BRATER

WIR SIND ALLE NEANDER-TALER

WARUM DER MENSCH
NICHT
IN DIE MODERNE
WELT PASST

Eichborn

Die Einheitlichkeit der deutschen Rechtschreibung ist in den letzten Jahren ohne Not zerstört worden. Dieses Buch orientiert sich überwiegend an der neuen Orthografie, folgt bei der Getrennt- und Zusammenschreibung aber den Regeln der sprachlichen Vernunft.

1   2   3   4   08   07

© Eichborn AG, Frankfurt am Main, Februar 2007
Umschlaggestaltung: Diana Lukas-Nülle
Lektorat: Oliver Thomas Domzalski
Satz: Fuldaer Verlagsanstalt, Fulda
Druck und Bindung: Clausen & Bosse, Leck

ISBN 978-3-8218-5641-4

Alle Rechte vorbehalten. Kein Teil des Werkes darf in irgendeiner Form (durch Fotografie, Mikrofilm oder ein anderes Verfahren) ohne schriftliche Genehmigung des Verlages reproduziert oder unter Verwendung elektronischer Systeme verarbeitet, vervielfältigt oder verbreitet werden.

Verlagsverzeichnis schickt gern:
Eichborn Verlag, Kaiserstraße 66, 60329 Frankfurt am Main
www.eichborn.de

INHALT

URSPRUNG UND ENTWICKLUNG 7

FEUER UND LICHT 19

ABERGLAUBE UND MYSTIK 29

KÖRPER UND SINNE 45

ANGST UND SCHRECKEN 63

NERVENKITZEL UND ACTION 81

ESSEN UND TRINKEN 95

KRANKHEIT UND LEID 119

MISSTRAUEN UND ANTEILNAHME 137

MÄNNER UND FRAUEN 163

LIEBE UND SEX 191

URSPRUNG UND ENTWICKLUNG

WOHER DER MENSCH KOMMT

Dass es uns Menschen gibt, ist reiner Zufall. Oder wissenschaftlicher ausgedrückt: Unser Dasein beruht auf der Evolution, was jedoch im Grunde dasselbe aussagt. Denn der Motor der Evolution ist nichts als der Zufall – auch wenn es manchen ein Dorn im Auge ist, dass die Schimpansen und wir von gemeinsamen Vorfahren abstammen (was im Übrigen keinesfalls dasselbe aussagt wie die oft gehörte These, unsere Urahnen seien Affen gewesen). Und ebenso missfällt diese Vorstellung denjenigen, die uns für das Ziel oder – ebenso poetisch wie anmaßend formuliert – die Krone der Schöpfung halten. Obwohl die Evolutionslehre, seit Charles Darwin sie Mitte des 19. Jahrhunderts in seinem Buch »Über die Entstehung der Arten durch natürliche Selektion« dargelegt hat, bei Naturwissenschaftlern ebenso anerkannt ist wie bei den meisten Philosophen und sogar einem Großteil der Theologen, wird sie noch immer missverstanden, werden ihre Thesen nach wie vor fehlinterpretiert. Wenn von »Survival of the Fittest« die Rede ist, bedeutet das eben nicht das Überleben des Stärkeren, der den Schwächeren kurzerhand umbringt, sondern des besser Angepassten – das kann durchaus auch der Schwächere sein. Demnach setzt sich langfristig dasjenige Lebewesen durch, welches mit den Umweltbedingungen am besten zurechtkommt, während das weniger geeignete über kurz oder lang verschwindet.

Nehmen wir ein Beispiel: Irgendwo, wo es warm ist und Korn auf dunklen Äckern wächst, leben braune Hasen. Da sie sich vor ihren Feinden gut verbergen können, wird nur hin und wieder einer der Nager Opfer eines Raubtiers, und die anderen können sich munter fortpflanzen. Mit der Zeit wandelt sich ganz allmählich das Klima; es wird Jahrzehnt für Jahrzehnt oder auch Jahrhundert für Jahrhundert ein klein wenig kälter, es fällt immer häufiger Schnee, der immer länger liegen bleibt. Das ist für die Hasen eine Katastrophe, denn auf dem weißen Untergrund sind sie nun weithin sichtbar, und ein großer Teil von ihnen wird von Füchsen, Adlern und anderen Fleischfressern getötet und verspeist. Da kommt aufgrund einer zufälligen Verteilung und Neuzusammenfügung von Erbanlagen bei der Paarung zweier Hasen oder einer ebenso zufälligen Veränderung des Erbguts, einer Mutation, ein Hase mit ein klein wenig hellerem Fell zur Welt. Früher wäre er der Erste gewesen, der von Greifvögeln geschlagen worden wäre, und mit dem auffälligeren Nager wäre es vorbei gewesen, ehe es richtig begonnen hätte. Aber jetzt, in der hellen Umgebung, hat der Außenseiter den Vorteil, schlechter erkannt zu werden als seine Artgenossen; er pflanzt sich fort und gibt die Gene, die für seine abweichende Fellfarbe verantwortlich sind, an einen Teil seiner Nachkommen weiter. Die Folge ist, dass in den nächsten Generationen neben dunklen immer wieder auch einige geringfügig hellere Hasen geboren werden. Und da die dunklen Nager rasch von Fressfeinden dezimiert werden, erreichen etliche von ihnen erst gar nicht das Fortpflanzungsalter, wohingegen die helleren untereinander und mit den verbleibenden braunen wieder ein paar helle Söhne und Töchter hervorbringen.

Um es kurz zu machen: Die helle Fellfarbe – unter Normalbedingungen ein Todesurteil – erweist sich in der veränderten Umgebung als wahrer Segen, und im Lauf der Zeit werden die dafür verantwortlichen Erbanlagen in der Gesamtheit der Hasengene, dem sogenannten Genpool, immer häufiger, während diejenigen, die die Tiere dunkel machen, nach und nach verschwinden. Das geht so lange weiter, bis die Nager nach vielen, vielen Generationen schließlich fast weiß sind. So etwas dauert unter Umständen Zigtausende, ja, bei weniger augenscheinlichen Veränderungen sogar Millionen von Jahren, doch die Evolution hat es nicht eilig. Wenn sich dann noch die dunklen Hasen notgedrungen in Gegenden zurückziehen, in denen weniger Schnee fällt, und sie daher mehr Deckung finden, während die weißen sich gerade auf dem hellen Untergrund besonders wohl fühlen, wenn sich die beiden Populationen also nach und nach auch räumlich immer weiter voneinander entfernen oder eine geografische Barriere – ein riesiger Gletscher etwa oder eine sich vertiefende Schlucht wie der Grand Canyon in den USA – ihr Zusammentreffen verhindert, dann können sie sich nicht mehr untereinander paaren und ihre Gene austauschen. Im Gebiet mit den winterlichen Witterungsverhältnissen werden schließlich nur noch weiße Nager leben, die sich inzwischen in ihren körperlichen Merkmalen oder ihrem Fortpflanzungsverhalten so weit von ihren ursprünglichen Vorfahren fortentwickelt haben, dass sie mit ihnen, selbst wenn sie zusammenkämen, entweder gar keinen Sex mehr haben oder dabei zumindest keine fruchtbaren Nachkommen mehr zeugen könnten. Damit ist eine neue Art entstanden. Und wenn man nur ein paar Millionen Jahre wartet, gehen auf dieselbe Weise aus neuen Arten neue Gattungen, Familien, Ordnungen und Klassen hervor. So haben sich beispielsweise aus Fischen die Frösche und Lurche, dann weiter die Reptilien, schließlich die Vögel und am Ende die Säugetiere entwickelt.

So und nicht anders – wissenschaftlich gesprochen: durch fortwährende Variation und Selektion – sind auch wir Menschen zu dem geworden, was wir heute sind. Ganz zufällig, aus einer affenähnlichen Primatenvorstufe (von Wissenschaftlern »Australopithecus« genannt) über den »Homo habilis«, den »geschickten Menschen«, und den »Homo erectus«, was man mit »aufrecht gehender Mensch« übersetzen kann. Wir sind also keinesfalls das Endprodukt einer von vornherein geplanten steten Höherentwicklung (mit dieser Erkenntnis hat Darwin ja so viele seiner Zeitgenossen verärgert), sondern dessen gleichermaßen zufälliges (Variation) wie zwangsläufiges (Selektion) Ergebnis.

Die Evolution plant nicht, sie ist völlig blind für die Zukunft und erzeugt Unsinn in Mengen; daher gleicht ihr Verlauf einem wirren Zickzackkurs voller Um- und Seitenwege. Die Weiterentwicklung beruht allein darauf, dass die Natur auf Dauer nur demjenigen Wesen eine Überlebenschance lässt, das sich in den momentan herrschenden Umweltbedingungen am besten behauptet, dass sie also aus den unendlich vielen Varianten, die rein zufällig entstehen, gezielt diejenigen herauspickt, die die besten Voraussetzungen mitbringen, am Leben zu bleiben. Mit Sicherheit hat es im Lauf der Jahrmillionen etliche potenzielle Vorfahren von uns gegeben, die nicht den Vorzug hatten, an einem Ort oder unter klimatischen Bedingungen zu leben, wo es ihnen behagte, und die deshalb auf Nimmerwiedersehen verschwanden. Dagegen hatten unsere Urahnen einfach das Glück, mit den gerade passenden Eigenschaften ausgestattet zu sein, und konnten sich deshalb fortpflanzen und nach und nach weiterentwickeln.

NEANDERTALER UND ANDERE URMENSCHEN

Auf dieselbe Weise entstand auch der Neandertaler, der seinen Namen vom Neandertal nahe Düsseldorf hat, wo man im Jahr 1856 – drei Jahre nach dem erstmaligen Erscheinen von Darwins Buch über die Auswahl durch die Natur – erstmals auf Knochen von ihm stieß: auf seine Schädeldecke, die beiden Oberschenkel- und Oberarmknochen, fünf Rippen und einen Teil des Beckens. Es dauerte mehrere Jahre, bis deutsche und englische Archäologen sich über den rätselhaften Fund einig wurden – also darüber, dass es sich entgegen ersten Vermutungen nicht um einen mongolischen Reiter handelte, der zu Zeiten Napoleons aus der russischen Armee desertiert war. Später fand man weitere, vollständigere Skelettreste, unter anderem einen recht gut erhaltenen in der Nähe von Weimar.

Der »Homo neanderthalensis«, wie er wissenschaftlich exakt heißt, war ein kräftiger Mensch von hohem Wuchs – Vermessungen zufolge wurde er bis zu 1,80 Meter groß – und entsprechend langen Armen. Das Schädelinnere und damit das Gehirn war mit einem Volumen von mehr als eineinhalb Litern größer als uns heutiges; ansonsten unterschied er sich von uns vor allem durch die kräftigen Knochenwülste über den Augen, die breite, flache Nase und das fehlende Kinn. Datierungen der Knochenfunde zufolge breitete der Neandertaler sich vor rund 150 000 Jahren über ganz Europa aus, wo er »nur« etwa 125 000 Jahre lang lebte, um vor rund 25 000 Jahren aus bis heute ungeklärten Gründen spurlos zu verschwinden.

Obwohl er also eine Art Seitenlinie der Evolution und nicht unser unmittelbarer Vorfahre war – diese Rolle schreibt man dem sogenannten »Cro-Magnon-Menschen« zu –, sprechen wir im Folgenden pauschalierend vom Neandertaler, wenn wir unsere urzeitlichen Ahnen meinen. Die allseits geläufige Bezeichnung verwenden wir schlicht als Synonym für unsere archaischen Ururgroßeltern – wohl wissend, dass man diese schon wegen des immensen Zeitraums von mehreren Millionen Jahren, in denen sie die Erde bevölkert und sich weiterentwickelt haben, nicht alle über einen Kamm scheren kann.

Seit die ersten Hominiden – menschenartige Wesen mit mehr oder minder aufrechtem Gang – die Welt besiedelten, sind rund vier Millionen Jahre vergangen, und das Besondere in der Abfolge der einzelnen Urmenschentypen war, dass sie extrem langsam vonstatten ging. Die weit verstreut lebenden Exemplare hatten Hunderttausende von Jahren Zeit, sich veränderten Umweltbedingungen anzupassen und sich in immensen Zeiträumen Detail für Detail zu verändern. Doch seit die letzten Neandertaler unseren Planeten verließen, sind gerade einmal zwanzig- bis dreißigtausend Jahre vergangen. Das erscheint viel, ist jedoch aus Sicht der Evolution nur ein Wimpernschlag der Menschheitsgeschichte. Verkürzt man die Entwicklung der Gattung »Homo«, deren letztes Glied wir sind, auf einen 24-Stunden-Tag, so hat der Mensch weit über 23 Stunden als Jäger und Sammler verbracht. Erst sechs Minuten vor Mitternacht entwickelte er die Landwirtschaft, und in allerletzter Sekunde wurde Jesus geboren.

Die zwangsläufige Folge ist, dass für die Anpassung an unser heutiges Leben mit all seinen komplizierten Begleitumständen viel zu wenig Zeit blieb. Wenn man bedenkt, dass die Evolution unter Umständen Millionen von Jahren benötigt, um an einem Lebewesen eine winzige Veränderung vorzunehmen und es dadurch ein klein wenig besser an die herrschenden Umweltbedingungen anzupassen, verwundert es nicht, dass unsere Erbanlagen, die ja nicht nur unser Aussehen, sondern auch all unsere Körperfunktionen und nicht zuletzt unser Verhalten steuern, mit denen unserer steinzeitlichen Urahnen noch immer weitgehend identisch sind. In ihrem Buch »Das Herrentier – Steinzeitjäger im Spätkapitalismus« formulieren die beiden Anthropologen Lionel Tiger und Robin Fox diesen Sachverhalten recht drastisch: »Der Mensch als Jäger war kein Zwischenspiel in unserer fernen Vergangenheit. Wir sind noch immer Jäger, eingekerkerte, domestizierte, vergiftete, vermasste und verwirrte Jäger.«

Bestätigt wird unsere Jäger-Abstammung durch eine neuere Erbgutanalyse, die Forscher aus Deutschland, Großbritannien und Estland Ende 2005 im Wissenschaftsmagazin *Science* veröffentlicht haben. Demnach stimmen die heutigen Mitteleuropäer mit den – aus evolutionärer Sicht recht jungen – Ackerbauern der ausgehenden Steinzeit hinsichtlich der genetischen Ausstattung nur sehr bedingt überein. »Unsere Ergebnisse deuten vielmehr darauf hin, dass wir von altsteinzeitlichen Sammlern und Jägern abstammen«, erläutert Professor Joachim Burger vom Institut für Anthropologie in Mainz. Demnach scheinen die kleinen Gruppen, die einst die Landwirtschaft nach Europa brachten, von Jäger-und-Sammler-Horden wieder verdrängt worden zu sein – mit der Folge, dass sie zwar den Ackerbau, aber kaum genetische Spuren hinterließen. Wir sind also offenbar nicht die Nachfahren friedlicher Landwirte, sondern tatsächlich von uralten Stämmen, bei denen die Männer zur Jagd gingen und die Frauen sich um die heimischen Höhlen, den Nachwuchs und die Beschaffung von Nahrungsmitteln durch intensive Sammeltätigkeit kümmerten.

Bei alldem dürfen wir eine entscheidende Tatsache nicht aus den Augen verlieren: Das Material, mit dem die Evolution arbeitet, ist immer das Bestehende, nur daran kann sie Veränderungen vornehmen, ganz allmählich und Schritt für Schritt. Im Gegensatz zu einem Ingenieur, der feststellt, dass eine Maschine den Anforderungen nicht mehr gerecht wird, kann sie einen Organismus, der aus der Mode gekommen ist, nicht einfach wegwerfen und durch etwas Anderes, von Grund auf neu Konstruiertes ersetzen. Zwar gehen Lebewesen, wenn sie mit dem Tempo der Umweltveränderung nicht schritthalten können, zugrunde und sterben aus, das steht jedoch keinesfalls im Widerspruch zu der Tatsache, dass alle momentan auf der Erde befindlichen Tier- und Pflanzenarten auf vor ihnen existierende Formen zurückgehen, dass sie also nur das Ergebnis eines geringfügig besseren, aber mitnichten neuartigen Bauplans sind.

Und deshalb sind auch wir im Grunde noch immer Steinzeitmenschen, die von der Evolution allenfalls in einigen Details perfektioniert wurden. Wir sind zum größten Teil genauso gebaut wie sie, unser Körper funktioniert nach denselben Mechanismen wie der ihre, und unser Gehirn ist identisch programmiert. Da ist es doch nur natürlich, dass wir uns – auch wenn wir uns dessen oft nicht bewusst werden – bei vielen Gelegenheiten noch immer wie unsere steinzeitlichen Urahnen benehmen.

UNABOMBER

Es ist noch nicht lange her, da wurde in den USA ein Serienmörder verhaftet, der in knapp 17 Jahren 16 Bombenanschläge verübt, dabei drei Menschen getötet und 23 zum Teil schwer verletzt hatte und unter dem Beinamen »Unabomber« weithin bekannt wurde. Nach seiner Festnahme entpuppte er sich wider Erwarten nicht als primitiver Rohling, sondern vielmehr als hochintelligenter Mathematiker und Harvard-Absolvent. Kurz zuvor hatte er die *Washington Post* und die *New York Times* zum Abdruck einer seitenlangen Erklärung gezwungen, in der er behauptete, die industrielle Revolution mit all ihren Konsequenzen sei ein Desaster für die Menschheit. Die sozialen und seelischen Probleme der modernen Gesellschaft seien das Ergebnis einer Entwicklung, in deren Folge die Menschen unter Bedingungen leben müssten, die sich grundsätzlich von denen unterschieden, unter denen sie entstanden seien. Die moderne Welt zwinge uns zu einer Existenz abseits der natürlichen Muster menschlichen Verhaltens.

Erstaunlicherweise wurde der Mann trotz allen Abscheus, den seine skrupellosen Verbrechen auslösten, zu einer Art Kultfigur. In Zeitschriften und im Internet stellten Menschen unterschiedlichster Herkunft und Ausbildung die Frage: »Sind wir im Grunde nicht alle kleine Unabomber?« »Wir mögen vielleicht nicht seine Art teilen, Groll herauszulassen«, erklärt dazu der amerikanische Wissenschaftsjournalist Robert Wright, »aber der Groll kommt uns durchaus vertraut vor.«

Wie groß die Zahl derer ist, die mit den Bedingungen und Auswüchsen der modernen Gesellschaft nicht zurechtkommen, wird schon allein aus der Tatsache deutlich, dass seit Beginn der Industrialisierung die Zahl der Selbstmorde kontinuierlich zugenommen hat. Rund 12 000 Deutsche werden sich auch in diesem Jahr wieder das Leben nehmen, weil sie nicht mehr ein noch aus wissen, und die Psychiater haben in den modernen Industriestaaten Hochkonjunktur. Auch dass Bücher wie Dale Carnegies »Sorge dich nicht, lebe!« oder andere Verhaltensratgeber seit Jahrzehnten auf den Bestsellerlisten stehen, ist ein Beweis dafür, dass wir für das Leben, das wir führen müssen, etwa so gut geschaffen sind wie ein Faustkeil für die Herstellung eines Mikrochips. Am augenfälligsten wird dies, wenn wir einen Blick auf die vielen, durch die modernen Lebensumstände bedingten Zivilisationskrankheiten und chronischen Leiden werfen, die einem Großteil von uns erheblich zu schaffen machen und die für den Tod zahlreicher Zeitgenossen verantwortlich sind.

Evolutionsforscher vergleichen unser Gehirn nicht zu Unrecht mit einem Computer, nach dessen Programm wir gezwungen sind zu leben – ob wir das nun wollen oder nicht. Diese Software, die alle unsere Verhaltensweisen steuert und mehr oder minder sinnvoll miteinander verknüpft, wurde aber nicht in der Neuzeit, sondern bereits vor Millionen von Jahren entwickelt, und die Evolution passt sie nur ganz allmählich unseren heutigen Lebensumständen an – um ein Vielfaches langsamer jedenfalls, als die Lebensumstände selbst sich verändert haben und weiter verändern.

UGUR UND SEINE SIPPE

Im vorliegenden Buch ist unsere steinzeitliche Hauptperson ein großer, athletisch gebauter Mann namens Ugur. Natürlich haben wir
keine Ahnung, auf welche Namen unsere Vorfahren hörten, ja wir
wissen nicht einmal, ob sie überhaupt Namen im heutigen Sinne
kannten, doch das spielt im Grunde keine Rolle. Unser Ugur ist 26
Jahre alt, aber das weiß er vermutlich nicht, denn es ist unwahrscheinlich, dass die Menschen in der Steinzeit ihre Geburtstage regis-
triert und deren Wiederkehr gefeiert haben. Zweifellos verfolgten sie
den Lauf der Gestirne und machten sich Gedanken über periodisch
wiederkehrende Naturphänomene in den verschiedenen Jahreszei-
ten, freuten sich, wenn es im Sommer warm war, und verkrochen sich
vor der winterlichen Kälte in ihre Höhlen. Aber einzelne Tage zu bezeichnen und zu wissen, welcher Tag der 14. März oder der 3. September ist, dazu waren sie mit Sicherheit nicht in der Lage.

In der Gruppe aus Männern, Frauen und Kindern, in der Ugur
lebt, zählt er aufgrund seines Alters bereits zu den Reifen, Erfahrenen,
auf deren Rat die anderen hören. Obwohl er nie ausdrücklich dazu
bestimmt oder gar gewählt wurde, akzeptieren die anderen Sippenmitglieder ihn als ihren Anführer. Verheiratet ist er mit Wala, einer
kräftigen, ein wenig fülligen Frau, ein paar Jahre jünger als er selbst,
und mit ihr hat er zwei Kinder: einen sechsjährigen Sohn namens
Korod und eine dreijährige Tochter, der wir den Namen Alani geben
wollen. Zurzeit ist Wala wieder schwanger, in etwa sechs Monaten
wird sie, wenn alles gut geht, ein weiteres Kind zur Welt bringen, das
sie aufopferungsvoll betreuen und einige Jahre stillen wird, bis sich
der nächste Nachwuchs ankündigt.

Wie bereits erwähnt, leben Ugur und seine Sippe nicht in einer
bestimmten Zeit oder an einem bestimmten Ort; vielmehr stehen sie
und ihre Horde beispielhaft für die Gesamtheit unserer Vorfahren, die
vor etwa fünfzig- bis zweihunderttausend Jahren die Erde bevölkerten. Eine derart großzügige Betrachtungsweise können wir uns
getrost erlauben – es besteht keine Notwendigkeit, den Zeitraum genauer einzugrenzen. Ein charakteristisches Kennzeichen im Leben

unserer Vorfahren bestand ja gerade darin, dass sich nicht, wie heute, die Entwicklungen überschlagen haben, sondern dass sich im Gegenteil über mehrere Zehntausend, ja, oft sogar hunderttausend Jahre so gut wie überhaupt nichts verändert hat.

Ein wesentlicher Grund dafür liegt zweifellos in der mangelnden Kommunikationsmöglichkeit. Selbst wenn einer unserer Vorfahren eine bedeutende Entdeckung oder Erfindung gemacht hätte, hätte er sie nur seinen engsten Verwandten und Bekannten vorstellen können, und die Gefahr, dass sie wieder in Vergessenheit geriete, wäre groß gewesen. Heute partizipieren Wissenschaftler in allen Ländern der Erde über Telefon, Fax, Internet, E-Mail und SMS und nicht zuletzt über Artikel in weltweit verbreiteten Fachzeitschriften an den neuesten Forschungsergebnissen, wer immer auch ihre Urheber und wo immer sie auch entstanden sein mögen. So arbeiten sie im Grunde alle trotz oder gerade wegen der zwischen ihnen herrschenden Konkurrenz an einem gemeinsamen Ziel, und das führt dazu, dass sich in unserer modernen Welt das Wissen ungefähr alle fünf bis sieben Jahre verdoppelt. Hätte man das einem Steinzeitmenschen erzählt, so hätte er vermutlich gar nicht begriffen, worum es geht, oder er hätte den Berichterstatter schlicht für verrückt erklärt.

ALLES GRAUE THEORIE?

Die Tendenz, unerklärliche Verhaltensweisen auf unser evolutionäres Erbe zurückzuführen, das den Erfolg der Steinzeitmenschen sicherte, dem heutigen Homo technicus jedoch oft erhebliche Schwierigkeiten bereitet, ist geradezu zur Mode geworden. In vielfältigen Denkansätzen wird versucht, medizinische, soziale und kulturelle Phänomene als vorzeitliche Relikte, als Auswirkungen der Diskrepanz zwischen unserem Erbgut und den Bedingungen der modernen Welt zu erklären. Und sicher erscheinen einige dieser Vorstellungen und Theorien fragwürdig. Aber das galt schon zu allen Zeiten für wissenschaftliche Hypothesen, von denen sich später etliche als korrekturbedürftig, andere jedoch als Volltreffer erwiesen haben. Selbstironische Evolutionsbiologen drücken dieses Wissen durch eine Scherzfrage aus: »Warum fahren Männer auf Frauen mit Miniröcken ab? – Weil Steinzeitfrauen mit langen Röcken stolperten und dabei ihre Babys töteten.«

Viele der im Folgenden vorgestellten Versuche, menschliches Verhalten aus unserer steinzeitlichen Herkunft zu erklären, beruhen also auf Vermutungen und Theorien. Diese gehen allerdings zum großen Teil auf Untersuchungen von Paläontologen, Psychologen, Biologen, Verhaltensforschern und Wissenschaftlern verwandter Disziplinen zurück, unter anderem auf die Erkenntnisse des berühmten Verhaltensforschers Konrad Lorenz, des aus Schweden stammenden und in Leipzig arbeitenden Paläoanthropologen Svante Pääbo sowie des Harvard-Biologen Edward Wilson, die in zahlreichen wissenschaftlichen Veröffentlichungen die These vertreten, das menschliche Verhalten sei seit Urzeiten biologisch, das heißt genetisch verankert. Allerdings sind derartige Auffassungen zwar wohlbegründet, aber sie lassen sich nur in wenigen Ausnahmefällen so stichhaltig wie ein mathematisches Gesetz beweisen. Hinzu kommt, dass wir alle verschieden sind und dass sich unsere genetische Ausstattung je nach den Bedingungen, unter denen wir leben, und der Umwelt, die uns prägt, unterschiedlich auf unser Verhalten auswirkt.

Begleiten wir also Ugur, seine Familie und seinen Stamm, und machen wir uns einmal Gedanken darüber, was sie antreibt und wie sie sich verhalten. Dann werden wir selbst bei einiger Skepsis erstaunt registrieren, dass wir uns im Grunde kaum von ihnen unterscheiden. Wir werden erkennen, wie mächtig noch immer der Urmensch in uns wirkt, welche aus heutiger Sicht skurrilen, ja oft sogar grotesken Denkweisen und Handlungen er uns aufzwingt und für welch große Zahl verblüffender Phänomene unseres täglichen Lebens er letztendlich verantwortlich ist.

Versuchen wir, aus den dabei gewonnenen Erkenntnissen Nutzen zu ziehen. Zum einen, um unser eigenes Empfinden und Tun und das unserer Mitmenschen besser zu verstehen, zum anderen, um unser alltägliches Verhalten vielleicht ein wenig mehr an das Computerprogramm in unserem Gehirn anzupassen und auf diese Weise zumindest teilweise so zu leben, wie es uns angemessen und für unsere Gesundheit und unser Wohlbefinden zuträglich ist.

FEUER UND LICHT

Ugur und die anderen Männer seines Stammes hocken schweigend am Rand eines kleinen Wäldchens. Die Kühle der hereinbrechenden Nacht beginnt, ihre löchrige Fellbekleidung zu durchdringen, und einige frösteln bereits so sehr, dass sie zittern. Die Stimmung ist gedrückt, denn die stundenlange, anstrengende Jagd auf ein Mammut war erfolglos. Sie hatten den Kreis um den Riesen unter der Leitung von Ugur und seinem Freund Ruki langsam, aber stetig enger gezogen und das verängstigte Tier immer weiter vor sich hergetrieben, in Richtung auf einen Sumpf, in dem schon so manche Jagdbeute ihr Ende gefunden hatte. Nur noch eine kurze Strecke war das Mammut von dem tückischen Untergrund entfernt, der unter seinem enormen Gewicht nachgegeben, es bewegungsunfähig gemacht und den Männer ausgeliefert hätte, da geriet es plötzlich in Panik, trat völlig unerwartet die Flucht nach vorne an und durchbrach trompetend den Treibergürtel.

Jetzt kauern die Jäger mit hängenden Köpfen auf dem steinigen Boden und versuchen, die Enttäuschung zu überwinden. Besonders geknickt ist Hodur, der Medizinmann, der vor Beginn der Jagd mit allerlei Verrenkungen und monotonen Gesängen die Götter gnädig gestimmt und einen erfolgreichen Verlauf vorausgesagt hatte. Mit grimmiger Miene hockt er ein wenig abseits und kaut verdrießlich an einem Grashalm.

19

Nach langem Bemühen gelingt es einem der Männer, durch beharrliches und immer schnelleres Drehen eines angespitzten Hölzchens zwischen den Handflächen Funken zu erzeugen und damit ein wenig trockenen Zunder, den sie stets bei sich tragen, in Brand zu stecken. Kurz darauf erhellt ein prasselndes Lagerfeuer die Nacht, die Jäger rücken näher zusammen, wenden ihre schmutzigen und verkratzten Körper den wärmenden Flammen zu, und ein ledernes Gefäß mit herbsüßem Beerensaft macht die Runde. Die Männer halten auf Holzstöcke gespießte Fleischstücke eines Hasen, den sie in seiner Sasse überrumpeln und erschlagen konnten, in die Flammen, und bald erfüllt würziger Bratenduft die Luft, der ihnen das Wasser im Mund zusammenlaufen lässt.

Jetzt dauert es nicht mehr lange, bis der Erste das Schweigen bricht und seine Sicht der misslungenen Jagd zum Besten gibt. Während er wortreich darlegt, was sie nach seiner Auffassung richtig und was sie falsch gemacht haben, fallen die anderen Männer in rascher Folge ein, und bald ist eine muntere Unterhaltung im Gange. Allen ist wohlig warm, der Braten schmeckt vorzüglich, obwohl er bei weitem nicht ausreicht, alle satt zu machen; und nach und nach macht die Enttäuschung einer zuversichtlichen Vorfreude auf den nächsten Tag Platz. Morgen werden sie das Mammut, dessen Spuren sie jetzt schon elf Tage lang folgen, zur Strecke bringen, da sind sie sich ganz sicher. Das Tier muss von den Anstrengungen des unablässigen Zurückweichens und der darauf folgenden panischen Fluchten erschöpft sein und ruht sich gewiss nicht weit entfernt von ihnen aus. Morgen werden sie es nicht noch einmal entkommen lassen, sie werden es in den Sumpf treiben und ihm ihre tödlichen Lanzen in den massigen Körper rammen. So lange, bis es dem stetigen Blutverlust Tribut zollen muss und röchelnd zusammenbricht.

Auch Hodur, der Schamane, hat im wohlig flackernden Schein des Feuers seine Begeisterung wiedererlangt und macht den Männern mit kämpferischen Gesängen Mut. Die knisternden Flammen, die die Schatten der Jäger auf den Blättern der umstehenden Büsche tanzen lassen, die die Körper erwärmen und Schutz vor den wilden Tieren der Nacht bieten, haben aus verdrossenen Versagern wieder zuversichtliche Jäger gemacht, die es gar nicht abwarten können, es aufs Neue mit dem scheinbar übermächtigen Gegner aufzunehmen.

LAGERFEUERROMANTIK

Wenn wir heute auch nicht mehr mit Mammuts kämpfen, so können wir uns doch der Anziehungskraft eines prasselnden Lagerfeuers noch immer nur schwer entziehen. Die flackernden Flammen mit ihren Funken, die wie Glühwürmchen durch die Nacht huschen, und die davon ausgehende Hitze, die uns im wahrsten Sinne des Wortes füreinander erwärmt, erzeugen in uns ein intensives Zusammengehörigkeitsgefühl und wecken die Lust auf Abenteuer. Oder kann man sich eine Friedenspfeife ohne Feuer vorstellen?

Dass wir uns derart für ein Lagerfeuer erwärmen können, ist im Grunde höchst erstaunlich, denn das Feuer ist keinesfalls der Freund des Menschen. Es ist gefährlich, unberechenbar und kann nicht nur überaus wehtun, sondern denjenigen, der es unterschätzt, auch töten. Kein Wunder also, dass fast alle Tiere instinktiv Reißaus nehmen, wenn es irgendwo brennt. Einzig wir Menschen haben gelernt, das Feuer für uns zu nutzen, wobei diese Errungenschaft mit Sicherheit nicht ohne schmerzhafte Erfahrungen abgegangen ist. Doch unsere Urahnen, die ursprünglich gewiss wie alle anderen Kreaturen von panischer Angst erfüllt waren, wenn ein Blitz einen Baum in Brand gesetzt hatte und die Flammen sich rasend schnell ausbreiteten, lernten, dass Feuer Wärme ausstrahlt und dadurch das Leben in einer Felsenhöhle vor allem im Herbst und Winter viel angenehmer macht. Außerdem erhellt Feuer die Dunkelheit und schützt vor dem Angriff gefährlicher Tiere.

Und noch in anderer Hinsicht erwies sich das Feuer, solange sie es nicht zu groß werden ließen und unter Kontrolle behielten, für unsere Ahnen als wahrer Segen: Sie lernten, es zu nutzen, um darin oder darüber schmackhafte Delikatessen zuzubereiten. Dass die Steinzeitmenschen das tatsächlich getan haben, beweisen unter anderem Funde uralter Herdstellen im südfranzösischen Amata sowie verkohlter Knochen nahe Peking, und man kann getrost davon ausgehen, dass in der Glut nicht nur Fleisch und Fisch brieten, sondern auch Gemüse und Getreide rösteten.

Nicht zuletzt war ein Lagerfeuer stets auch ein Ort des Beisammenseins und gemütlichen Entspannens. Am abendlichen Feuerplatz trafen sich in der freien Natur die Jäger und in den Lagern mit ihren Höhlen und Zelten die Sippenmitglieder. Diese Erfahrungen haben sich über Jahrhunderttausende so tief in uns eingegraben, dass sie noch heute wirksam sind. Obwohl wir auf offene Flammen weder zur Beleuchtung noch zur Heizung und schon gar nicht zum Schutz vor Raubtieren angewiesen sind, weckt ein Lagerfeuer-Erlebnis im Kreise unserer Angehörigen und Freunde in uns noch immer intensive Empfindungen romantischer Geborgenheit.

DER MANN AM GRILL

Das moderne Pendant zum steinzeitlichen Braten über der offenen Flamme des Lagerfeuers ist das überaus beliebte sommerlichen Grillen auf glühender Holzkohle, am stilvollsten zelebriert bei einbrechender Dämmerung in einem von Fackeln spärlich erleuchteten Garten. Vor allem Männer fühlen sich, wenn sie mit rohem Fleisch hantieren und es wie unsere Altvorderen in duftende und wohlschmeckende Bratenstücke verwandeln, nach Ansicht von Verhaltensforschern wie steinzeitliche Jäger, die ihre Sippe einst mit der mühsam erlegten Beute versorgten – wobei sie selbst den Großteil des Fleischs vertilgten, um nach der anstrengenden Jagd wieder zu Kräften zu kommen.

Daneben ist nach Ansicht von Wissenschaftlern die Arbeit am Grill für die Rolle in der Gemeinschaft entscheidend. »Wer Feuer anzündet, steht in der Sozialhierarchie ganz oben«, erklärt Nina Dengele, Soziologieprofessorin der Universität Freiburg und Leiterin des vor einigen Jahren ins Leben gerufenen Forschungsprojekts »Grillen und Lebensstil«. »Grillen ist ein Ritual, bei dem die Zugehörigkeit zu einer Gruppe demonstriert wird. Das ist vor allem für Männer wichtig, die großen Wert darauf legen, einer solchen Gruppe anzugehören. Hinzu kommt, dass beim Grillen die Aufgabenverteilung zwischen Mann und Frau im Allgemeinen klar geregelt ist: Der Mann ist der Chef am Feuer und steht vor den Augen aller anderen im Mittelpunkt des Geschehens. Er erfreut sich allgemeinen Lobs, weil er die Ernährung der gesamten Gruppe sichert und damit Verantwortung für die Gemeinschaft übernimmt. Wenn es jedoch um das Aufräumen oder den Abwasch nach dem Fest geht, überlässt er diese Aufgabe liebend gerne den Frauen.«

Tatsächlich antwortete in einer im Auftrag des Soziologischen Instituts der Universität Freiburg durchgeführten Befragung ein Großteil der interviewten Frauen, sie könnten sich beim Grillen kaum etwas anderes vorstellen, als sich um die Beilagen zu kümmern, während ihre Männer mit dem Fleisch in der heißen Glut beschäftigt seien. Dabei waren es vor allem die etwas älteren Damen, die eine derartige Aufgabenzuordnung zwischen Mann und Frau befürworteten, während junge Frauen angaben, gelegentlich auch selbst Hand anzulegen oder dies nur deshalb nicht zu tun, weil sie »sich auch einmal von den Männern bedienen lassen« wollten.

TRAUMHAUS MIT OFFENEM KAMIN

Doch nicht nur Lagerfeuer und Grill stillen unsere Sehnsucht nach knisternden Flammen, eine andere überaus beliebte Variante bietet ein offener Kamin im heimischen Wohnzimmer. Dabei ist es gar nicht in erster Linie die Wärme, derentwegen wir offenes Feuer so romantisch und anheimelnd finden – für die Temperierung unseres Wohnzimmers ist eine moderne Heizungsanlage weit besser geeignet, zumal sie weder rußt noch Rauchschwaden ins Zimmer entlässt –, nein, es ist ganz einfach das Auf und Ab der Flammen, das Knistern und Knacken des Holzes und das sich stets wandelnde, geheimnisvolle Spiel der Schatten an den Wänden. Schließlich spricht ein solches Feuer alle unsere Sinne an: Man kann die züngelnden Flammen sehen, die Hitze fühlen, den Rauch riechen und das Knistern der brennenden Scheite hören. Das alles finden wir derart unwiderstehlich, dass ein offener Kamin bei den meisten Bauherren ganz oben auf der Wunschliste steht. Bei einer von der Zeitschrift *Schöner Wohnen* durchgeführten Umfrage nach dem idealen »Haus fürs Leben« gaben 64 Prozent der beteiligten Leser an, ihr Traumhaus müsse unbedingt über eine offene Feuerstelle verfügen.

Auch hier sind es wieder vor allem die Männer, die im Angesicht der züngelnden Flammen in Entzücken geraten, sind doch viele von ihnen heimliche Pyromanen, die nichts mehr lieben als im wahrsten Sinne des Wortes mit dem Feuer zu spielen. Doch auch wenn sie es ungestört vor sich hin brennen lassen, bemächtigt sich der Mehrzahl von ihnen vor dem Kamin eine euphorische Stimmung, die sie nicht selten veranlasst, stundenlang wortlos in die Flammen zu starren und sich dabei wie urzeitliche Helden am Lagerfeuer vorzukommen.

CANDLELIGHT-DINNER

Auch in wesentlich bescheidenerem Umfang als beim Lager- oder Kaminfeuer gilt offenes Feuer seit jeher als Inbegriff von Gemütlichkeit und Romantik. Kein Ratgeber über die Kunst des Verführens vergisst, die unwiderstehliche Wirkung rötlich-goldener Kerzenflammen und leiser Musik vor allem auf Frauen anzupreisen, und keine andere Form des noblen Speisens finden wir derart attraktiv wie ein Candlelight-Dinner in schummriger, von möglichst vielen Kerzen (nur unzureichend) erhellter Umgebung.

Ja selbst bei einem schnöden Mittagessen verzichtet kaum ein Restaurant, das etwas auf sich hält, auf eine Kerze mitten auf dem Tisch, die vom Kellner so feierlich entzündet wird, als handele es sich um das olympische Feuer. Das Kerzenlicht wärmt nicht, es verschafft uns am helllichten Tag nicht mehr Durchblick, und wenn wir Pech haben, verbrennen wir uns daran beim Weiterreichen einer Schüssel die Finger. Zudem beschmutzt das herablaufende Wachs das Tischtuch, und besonders gut riecht die ganze Angelegenheit auch nicht. Das Einzige, was eine brennende Kerze unablässig tut, ist rußen, sodass die Zimmerdecke mit der Zeit unansehnlich dunkel wird. Doch das ist uns das Vergnügen wert.

Und weil wir gerade bei den kulinarischen Genüssen sind: Nicht nur Kerzen tragen hier zu einer besonders festlichen Stimmung bei, sondern auch die züngelnden Flammen einer Feuerzangenbowle oder das – möglichst bei gelöschtem Licht zelebrierte – Flambieren von Fleisch, Fisch oder Süßspeisen. Zwar behaupten Gourmets, der verbrennende Alkohol erhöhe den Wohlgeschmack, das scheint jedoch im Vergleich zur festlichen Ausstrahlung des offenen Feuers allenfalls ein bescheidener Nebeneffekt zu sein. Eine zu diesem Thema durchgeführte Umfrage eines französischen Lifestyle-Magazins hat jedenfalls ergeben, dass die Mehrheit der Interviewten mit dem Begriff »Flambieren« eher Festlichkeit, Showeffekt und Romantik als Wohlgeschmack und Aroma verbanden.

Für die feierliche Stimmung, die offenes Feuer in uns entfacht, nehmen wir sogar erhebliche Risiken in Kauf. Jahr für Jahr geraten in Deutschland einige Tausend Adventskränze und vor allem Weihnachtsbäume in Brand, mit zum Teil beträchtlichen Schäden. Dennoch wollen wir auf ihre festliche Ausstrahlung nicht verzichten und begnügen uns nur im Notfall mit den ungefährlichen elektrischen Attrappen. Kerzen haben für uns einen derart hohen symbolischen Wert, dass wir sie – bei Taufe und Kommunion beispielsweise – selbst in nicht entzündetem Zustand als hochgradig feierlich empfinden. Das gilt besonders, wenn sie kunstvoll geschmückt und mit anmutigen Ornamenten verziert sind, wie die geweihte Osterkerze, die Christus als das Licht der Welt symbolisiert. Ein solches Kunstwerk ist uns vielfach zum Abbrennen zu schade, entfaltet es doch auch in kaltem Zustand seine Wirkung.

FEUERWERK

Aber am schönsten ist es doch, wenn Feuer offen lodert. Es muss ja nicht gleich ein Großbrand sein, der oft Tausende von Zuschauern anzieht, als handele es sich nicht um ein tragisches Unglück mit Verbrennungen und Rauchvergiftungen, sondern um ein großartiges

Schauspiel voll mystischer Symbolik, das man sich auf keinen Fall entgehen lassen darf. Da jedoch ein Großbrand selten und im Allgemeinen nicht vorhersehbar ist, behelfen wir uns, wenn wir es besonders festlich und stimmungsvoll haben wollen, mit einem künstlichen Feuerwerk. Die krachenden und jaulenden bunten Sterne, Spiralen und Blitze rühren unser Herz und lassen uns in Ergriffenheit verstummen. Und das, obwohl uns unser Gewissen Jahr für Jahr mahnt, das verpulverte Geld – immerhin rund 100 Millionen Euro – besser an »Brot für die Welt« zu spenden, und obwohl fast jeder von uns jemanden kennt, der sich an den tückischen Kanonenschlägen, Heulern und Schwärmern schon einmal ernstlich verbrannt oder bei der Knallerei sein Gehör ramponiert hat.

Ein bescheideneres, aber deshalb nicht minder zu Herzen gehendes Feuerwerk entfachen die Besucher von Rockkonzerten, wenn sie ihrem Idol mit rhythmisch hin- und hergeschwenkten Feuerzeugflammen ihre Reverenz erweisen. Wenn sie dazu noch gemeinsam den gerade aktuellen Song mitsummen, entsteht dasselbe intime Zusammengehörigkeitsgefühl wie in grauer Vorzeit bei Ugur und seinen Kameraden am nächtlichen Lagerfeuer.

Keine Treibjagd, bei der das abendliche, von Hörnerklang begleitete Streckelegen nicht von zuckenden Fackeln erhellt würde, keine Zirkusvorstellung, bei der nicht ein martialisch anmutender Feuerschlucker aufträte und Raubkatzen durch brennende Reifen sprängen, und keine olympische Eröffnungszeremonie ohne spektakuläres Entzünden der alles überstrahlenden Flamme.

Einen vergleichbaren Effekt auf unser Gemüt haben Oster-, Mai-, Ernte- und Kartoffelfeuer sowie Fackel- und Laternenumzüge. Mit einem leuchtenden Lampion »Laterne, Laterne« singend durch dunkle Straßen zu ziehen ist vor allem bei Kindern überaus beliebt, denn schon die Kleinsten können sich der Faszination des Feuers nur schwer entziehen. Begeistert spielen sie mit Streichhölzern, hocken bis in die Dunkelheit mit heißen Gesichtern, glänzenden Augen und kalten Rücken um prasselnde Lagerfeuer herum und schließen Wetten ab, wer die Hand am längsten über die Flamme halten kann. »Messer, Gabel, Schere, Licht sind für kleine Kinder nicht«, heißt es in der »gar traurigen Geschichte mit dem Feuerzeug« aus dem »Struwwelpeter«, in der den Kindern die Gefahren des Feuers mehr als drastisch vor Augen geführt werden:

»Doch weh! Die Flamme fraß das Kleid,
Die Schürze brennt; es leuchtet weit.
Es brennt die Hand, es brennt das Haar,
Es brennt das ganze Kind sogar.«

Genützt hat es nichts. Noch immer verunglücken Jahr für Jahr zahlreiche Kinder beim Umgang mit offenem Feuer. Die Faszination, die die flackernden Flammen seit Urzeiten auf uns ausüben, ist einfach zu stark.

Dass uns Feuer alles andere als kaltlässt, wird nicht zuletzt aus zahlreichen Redensarten deutlich: Wer bewusst Risiken eingeht, um ein verlockendes Ziel zu erreichen, wer seine Ehe aufs Spiel setzt und mit einem gut aussehenden Mann oder einer attraktiven Frau flirtet, spielt mit dem Feuer; für Dinge, die uns hellauf begeistern, sind wir Feuer und Flamme; für jemanden, der uns am Herzen liegt, gehen wir durchs Feuer, wir feuern ihn an oder legen für ihn die Hand ins Feuer; Wichtiges brennt uns unter den Nägeln; und wenn uns ein Gefühl oder ein Ereignis besonders nahegeht, entflammt unser Herz. Wie sagte schon der Heilige Augustinus? »In dir muss brennen, was du in anderen entzünden willst.«

ABERGLAUBE UND MYSTIK

Noch vor Sonnenaufgang kriechen die Männer unter ihren Fellen hervor und rüsten sich für den anbrechenden Tag. Das abendliche Lagerfeuer ist erloschen und es ist empfindlich kalt geworden. Im fahlen Dunst der Morgendämmerung vermischt sich das Rauschen des nahen Flusses mit dem Rascheln der windbewegten Bäume und dem schrillen Rufen eines nahen Greifvogels zu einer gleichermaßen bedrückenden wie erregenden Melodie. Heute muss die Jagd gelingen, heute muss das Mammut ihre Beute werden!

Doch sie wollen ihren Erfolg nicht bloßem Zufall überlassen. Hodur soll die Götter gnädig stimmen und vorhersagen, wie die Jagd ausgehen wird. Darum gruppieren sich die Männer, nachdem sie einige Nüsse und Beeren gekaut und dazu Wasser aus einem nahen Bach getrunken haben, nach und nach schweigend um den Medizinmann, der, dumpf vor sich hinbrütend, regungslos in ihrer Mitte steht. Dann stimmt er plötzlich einen heiseren Gesang an, verhalten, um die erhoffte Jagdbeute nicht zu erschrecken, aber in seiner wilden Tonfolge aufrüttelnd und mitreißend. Dazu wirft er den federgeschmückten Kopf in den Nacken, krächzt raubvogelgleich ein paar schaurige Töne in die kühle Morgenluft und starrt dann wieder unbewegt auf den Boden, wobei seine Stimme zu einem dumpfen, monotonen Murmeln wird.

So geht das eine ganze Weile, dann, ganz plötzlich und ansatzlos, stößt Hodur einen unterdrückten Schrei aus, der die Männer erschauern lässt. Er bückt sich, stochert ein wenig im Moos unter seinen Füßen herum und befördert schließlich einen toten, rötlich schimmernden Käfer ans Tageslicht, den er bei seinem Tanz zertreten hat. Triumphierend streckt er ihn in die Höhe und dreht sich dabei langsam im Kreis, sodass jeder der umstehenden Männer das leblose Insekt bestaunen kann. Ein roter Raubkäfer, das Symbol des Jagdglücks schlechthin! Von Hodur mit gezieltem Tritt zermalmt! Ein erleichtertes Stöhnen entringt sich den Männern. Heute werden sie Erfolg haben, das steht jetzt fest. Und während Hodur die Käferleiche in einer Tasche seines Fellmantels verschwinden lässt, greifen die Jäger zu ihren Waffen und machen sich auf das Kommando ihres Häuptlings hin auf den Weg. Ugurs Miene drückt ebenfalls Zuversicht aus, hat er doch in der Nacht von einem gewaltigen Mammut geträumt, das mit schrecklichem Schnauben verendet ist.

Zur selben Zeit durchstreift seine Frau Wala mit dem kleinen Korod den Wald in der Nähe des Lagers und sucht in der Kühle des Morgens nach Pilzen, Beeren und Nüssen. Die Bussardfeder – am Vorabend auf den Boden neben ihr Bett gelegt – hat sich, während sie schlief, leicht nach links gedreht: ein untrügliches Zeichen für bevorstehendes Sammelglück. Außerdem ist Korods kleine Schwester Alani in der Nacht dreimal aufgewacht, dann sind ihr kurz nach Verlassen des Lagers gleich drei Hasen über den Weg gehoppelt, und als sie sich dem Waldstück genähert hat, in dem sie ihr Glück versuchen will, haben ihr schon aus der Ferne drei leuchtend weiße Birken mit ihren Blättern entgegengewinkt. Drei ist ihre Schicksalszahl, eine derartige Häufung kann kein Zufall sein und bedeutet ganz sicher Sammelglück. Heute wird sie mit einem randvoll gefüllten Fellbeutel zurückkommen, dessen ist sie ganz sicher.

FREITAG, DER DREIZEHNTE

Zwar geben wir heute nichts mehr auf umgewendete Federn oder unseren Weg kreuzende Hasen, aber vom Grundsatz hat sich an unserer Überzeugung, das Glück lasse sich vorhersagen oder gar durch allerlei Tricks beeinflussen, nichts geändert. Und noch immer halten derart viele Menschen – in Deutschland rund ein Drittel der Bevölkerung – die 13 für eine Unglückszahl, dass man für die dadurch ausgelösten Befürchtungen eine eigene wissenschaftliche Bezeichnung eingeführt hat: »Triskaidekaphobie«, einen Begriff, der sich vom griechischen »triskaideka« für 13 und »phobos« für Angst ableitet. Die abergläubische Furcht vor der 13 ist so verbreitet, dass in manchen Hochhäusern über der 12. gleich die 14. Etage kommt und viele Hotels kein Zimmer besitzen, dessen Nummer mit einer 13 endet.

Besonders schlimm ist es für zahlreiche Triskaidekaphobiker, wenn der 13. eines Monats auch noch auf einen Freitag fällt. Dann schließen sie sich am liebsten zu Hause ein und unternehmen nichts, was auch nur mit dem geringsten Risiko verbunden ist. Britische Forscher haben ermittelt, dass an einem Freitag, dem 13., mehr Menschen bei Verkehrsunfällen verunglücken als an gewöhnlichen Freitagen, und schreiben diese Tatsache allein dem Aberglauben zu, der die Betroffenen ablenke, sodass sie unvorsichtiger seien als sonst. Neben einem solchen schicksalsschweren Freitag verblasst sogar die unheilvolle Bedeutung einer schwarzen Katze, die von links nach rechts den Weg kreuzt, oder einer Spinne am Morgen, nach deren Anblick auch heute noch fast ein Viertel der Bevölkerung mit sich anbahnendem Unglück rechnet.

VON TRÄUMERN UND STERNDEUTERN

Erkundigt man sich bei seinen Mitmenschen, ob sie an Horoskope glauben, so schütteln die meisten entrüstet den Kopf, geben auf Nachfrage dann aber doch oft kleinlaut zu, dass sie zumindest hin und wieder nachlesen, wie die Astrologen ihre Aussichten auf Glück oder Pech beurteilen. Natürlich ist den meisten von uns bewusst, dass die Gestirne, physikalischen Gesetzen gehorchend, in der Ferne des Weltraums unbeirrbar ihre Bahnen ziehen und dass unser Schicksal mit diesen Bahnen nicht das Geringste zu tun hat. Ja, viele wissen sogar, dass sich infolge der Präzession der Erdachse – einer Art Kreiselbewegung, ausgelöst durch die Anziehungskraft von Sonne und

Mond – in den vergangenen 2000 Jahren der Frühlingspunkt um fast ein komplettes Sternbild verschoben hat, sodass Geburtstermin und Tierkreiszeichen schon lange nicht mehr zusammenfallen. Und dennoch lesen wir – meist heimlich – regelmäßig unser Horoskop, das noch immer auf den Sternbildern der Antike beruht, verkünden großspurig, auf die Vorhersagen nichts zu geben, und sind doch in höchstem Maße erleichtert, wenn uns die Sterne Gutes prophezeien, während wir bei ungünstiger Prognose der näheren Zukunft doch eher skeptisch entgegensehen.

Jeder von uns träumt; was uns unterscheidet, ist lediglich, dass sich der eine besser, der andere schlechter an seine nächtlichen Erlebnisse erinnert. Wir wissen, dass Träume ganz natürlich und mit einiger Sicherheit sogar wichtig für unser Wohlbefinden sind, da sich die Gedanken nur in der Entspannung des Schlafs aus den Zwängen des Tages befreien und ungestört ausleben können. Was aber, wenn ein tieferer Sinn hinter unseren Träumen liegt, wenn sie tatsächlich ein Spiegel unserer Seele sind? Hört und liest man nicht immer wieder von schicksalhaften Ereignissen, die sich vorher im Traum angekündigt haben? Von Unfällen, Krankheiten und Tod, aber auch von plötzlichem Reichtum oder glücklichen Fügungen, auf die die Betroffenen in den Nächten zuvor gleichsam vorbereitet wurden? Vielen von uns sind derartige Gedanken vertraut, und nicht wenige richten sich bei ihren Plänen und Entscheidungen nach ihren Traumerlebnissen und -erfahrungen.

GLÜCKSBRINGER

Andere – oder wahrscheinlich eher dieselben – gehen nicht ohne Glückspfennig im Geldbeutel aus dem Haus, klopfen auf Holz, wobei sie »unberufen« murmeln, und sind fest davon überzeugt, dass ihnen das irgendeinen Nutzen bringt. Sie haben im Haus ein Porzellanschweinchen stehen, das sie verstohlen streicheln, und können gar nicht anders, als jede Kleewiese zwanghaft nach einem vierblättrigen Exemplar abzusuchen, um dann im Fall des Erfolgs felsenfest mit unmittelbar bevorstehenden glücklichen Fügungen zu rechnen. Bei einer Umfrage des Allensbacher Instituts für Demoskopie bekannten im Jahr 2005 42 Prozent der Interviewten ihre Überzeugung, ein derartiges Kleeblatt bedeute Gutes. Fast genauso viele, nämlich 40 Prozent, sahen in einer nächtlichen Sternschnuppe und 36 Prozent in einem Schornsteinfeger einen zuverlässigen Glücksbringer. Und immerhin ein Viertel der Befragten gab zu, eine schwarze Katze – vor allem, wenn diese von links kommend den Weg kreuzt – als Unheil verkündendes Vorzeichen zu werten. Nur etwas mehr als 30 Prozent der Bevölkerung messen demnach jeglicher Form des Aberglaubens keinerlei Bedeutung zu – und drücken vielfach dennoch einer anderen Person die Daumen, um ihr Glück zu wünschen.

Die aufschlussreiche Studie, die die Meinungsforscher seit 1973 regelmäßig durchführen, zeigt sogar, dass die Deutschen mystischen Signalen heute noch mehr Bedeutung beimessen als in den Siebzigerjahren. Denn damals glaubten in Westdeutschland nur halb so viele Menschen an einen bedeutungsvollen Zusammenhang zwischen einem Meteoriten, der beim Eintritt in die zufällig in seine Bahn geratene Erdatmosphäre verglüht, und demjenigen, der ihn ebenso zufällig zu Gesicht bekommt. Und davon, dass ein vierblättriges Kleeblatt das Glück anzieht, war seinerzeit nur jeder Vierte überzeugt.

Erwähnenswert sind in diesem Zusammenhang auch die putzigen, oft skurrilen Figuren, die man allenthalben an Autorückspiegeln baumeln sieht. Nicht selten sind sie so ausladend, dass sie dem Fahrer bei jedem Blick nach vorne rechts die Sicht versperren, was durchaus nicht ohne Risiko ist; dennoch verrenken die Talisman-Fetischisten sich lieber schmerzhaft den Hals, als sich von ihrem Schornsteinfeger, Tierkreiszeichen oder Heiligen Christophorus zu trennen.

KRISTALLKUGEL UND KAFFEESATZ

Im Vergleich zu den Spiegelfigur-Freaks ist die Zahl der Zeitgenossen, die an Gespräche mit unseren Vorfahren im Jenseits glauben, die an spiritistischen Séancen mit Tischrücken und vielleicht einem leibhaftigen Medium teilnehmen, das Kontakt zu den Geistern der Verstorbenen aufnimmt, eher gering. Tatsache ist jedoch, dass das urzeitliche Vertrauen in Übersinnliches in vielen Menschen noch immer derart tief verankert ist, dass Wahrsagerinnen, die die Zukunft aus Scherben, Spielkarten, Kaffeesatz oder einer Kristallkugel lesen, nach wie vor Hochkonjunktur haben. Ja, es scheint sogar so zu sein, dass selbst Politiker und Wirtschaftsbosse, die es doch eigentlich besser wissen müssten, ihre Entscheidungen gar nicht so selten von hellseherischen Prognosen abhängig machen. Deutschlands legendärste Wahrsagerin war die aus einer südfranzösischen Zigeunerfamilie stammende Margarethe Goussanthier, die als »Madame Buchela« und »Pythia vom Rhein« bekannt wurde. Ihren Vorhersagen schenkten angeblich sogar die Bundeskanzler Konrad Adenauer und Ludwig Erhard, der Schah von Persien und Königin Juliana der Niederlande Vertrauen.

Dass unsere archaischen Vorfahren an derlei magische Glücks- oder Pechbringer glaubten, ist nur zu verständlich. Ihnen stand kein Wetterbericht zur Verfügung, der ihnen stündlich die neueste meteorologische Prognose frei Haus lieferte, sie konnten sich nicht gegen mögliche Schicksalsschläge versichern, und sie hatten nur selten Kontakt zu Nachbarstämmen, von denen sie mit Nachrichten versorgt wurden. Zudem hing ihr Gedeih und Verderb von sich fortwährend ändernden Umweltbedingungen ab, die ihnen rätselhaft und unvorhersehbar erscheinen mussten. Da ist es kein Wunder, dass sie in allen möglichen Ereignissen und Wendungen übernatürliche Kräfte am Werk sahen und ganz und gar banale Objekte zu Fetischen machten, denen sie Zauberkräfte zuschrieben. Doch heute, wo all das nicht mehr zutrifft, wo wir uns dank eines gigantischen Zuwachses an naturwissenschaftlichen Erkenntnissen auch scheinbar Übernatürliches logisch erklären können, ist es allein dem Urmenschen in uns zuzuschreiben, dass noch immer so viele Menschen allen möglichen Dingen wider besseres Wissen eine parapsychologische Bedeutung beimessen, dass sie an Telepathie und Stimmen aus dem Jenseits glauben, an die verborgene Kraft diverser Edelsteine und an mit übersinnlichen Mächten ausgestattete Magier und Hexen.

DAS KANN DOCH KEIN ZUFALL SEIN

Eine Sonderform mystischer Überzeugung stellt das noch immer fest in uns verankerte Bestreben dar, zufälligen Häufungen von Zahlen – wie Wala ihren drei Hasen und Birken – eine besondere Schicksalhaftigkeit zuzumessen. So führen Personen mit geradezu krankhafter Angst vor der 13 zum Beweis ihrer Phobie Skeptikern gegenüber ins Feld, dass beim Letzten Abendmahl nicht umsonst 13 Menschen zugegen gewesen seien, dass man bei der allerersten Lottoziehung im Jahr 1955 als erste Zahl die 13 gezogen habe (und sie danach kurioserweise signifikant seltener gezogen wurde als alle anderen Zahlen) und dass die Hiroshima-Bombe eine Sprengkraft von genau 13 000 Tonnen TNT gehabt habe. Oder sie verweisen auf Arnold Schönberg, den Schöpfer der Zwölftonmusik und bekennenden Triskaidekaphobiker (vielleicht deshalb nicht Dreizehntonmusik?), der an einem 13. September geboren wurde und an einem 13. Juli starb, und zwar exakt 13 Minuten vor Mitternacht. Er wurde 76 Jahre alt und die Quersumme von 76 ist – man ahnt es schon – natürlich wieder 13!

Für viele Menschen sind derartige Häufungen keinesfalls zufallsbedingt, und sie werden nicht müde, auch im scheinbar Unregelmäßigen und Chaotischen fortwährend nach Regeln und Ordnungsprinzipien zu fahnden. Unablässig bemühen sie sich, für alles und jedes, selbst wenn darin nur zweimal dieselbe Zahl vorkommt, eine stimmige Erklärung zu finden. Der amerikanische Mathematiker John Allen Paulos, der über dieses Phänomen ein aufschlussreiches Buch mit dem Titel »Zahlenblindheit« geschrieben hat, meint dazu: »Menschen sind Tiere, die ständig Muster suchen. Es ist wohl ein Teil unserer Biologie, dass uns Zufälle bedeutungsvoller erscheinen, als sie tatsächlich sind. Sehen Sie sich unsere Welt mit all ihren Felsen, Flüssen und Pflanzen an. Sie geben eigentlich kaum Anlass, überall ungewöhnliche Zufälle zu sehen, aber der primitive Urmensch musste gegenüber allen Besonderheiten überaus wachsam sein und auf sie reagieren, als ob sie tatsächliche Gefahren wären.«

Sicher lässt sich in manchen auf den ersten Blick zufälligen Zusammenhängen – wissenschaftlich exakt spricht man von Koinzi-

denzen – bei näherer Betrachtung ein logischer Hintergrund entdecken, und es gibt Kognitionsforscher, die in unserer Neigung zum
Mustererkennen sogar ein wesentliches Prinzip sehen, Sinn in unseren Alltag zu bringen. Doch oft grübeln wir hartnäckig über Ereignisse, die in der Tat auf nichts anderem beruhen als auf purem Zufall.
Wir sehen irgendwelche mehr oder minder dunklen Mächte oder
vielleicht ja auch naturwissenschaftliche Phänomene am Werk, wenn
eine Frau viermal an einem 17. ein Kind zur Welt bringt, ein Mann
fünfmal knapp einem Blitzschlag entgeht oder das amerikanische
Schicksalsdatum 11. 9. in seiner Quersumme wieder genau 11 ergibt
$(1 + 1 + 9 = 11)$.

Roulettespieler sind fest davon überzeugt, dass die Kugel nach
sechsmal auf schwarz unbedingt auf rot fallen müsse, obwohl sie im
Grunde genau wissen, dass die Chance auf eine der beiden Farben bei
jedem Wurf wieder fifty-fifty ist und man ein annähernd ausgegliche-
nes Verhältnis aus Wahrscheinlichkeitsgründen erst nach einer sehr
großen Anzahl von Durchgängen erwarten kann. Der Philosoph
Ludwig Wittgenstein hat das klar ausgedrückt: »Außerhalb der Logik
ist alles Zufall. Einen Zwang, nach dem eines geschehen muss, weil etwas anderes geschehen ist, gibt es nicht.« Doch fragt man Lottospie-
ler, für wie wahrscheinlich sie die Zahlenfolge 1 – 2 – 3 – 4 – 5 – 6 halten, so schwören sie Stein und Bein, die Chance auf genau diese
Zahlen sei um ein Vielfaches geringer als die Wahrscheinlichkeit auf
jede andere Kombination.

Versuche haben gezeigt, dass Würfelspieler, die auf eine hohe Zahl
aus sind, kraftvoller werfen als diejenigen, die eine Eins oder Zwei benötigen; und oft sieht man Kartenspieler, die, bevor sie ihr Blatt aufnehmen, damit dreimal auf den Tisch klopfen, um mehr Asse, Buben
oder was immer sie gerade benötigen, zu bekommen, obwohl ihnen
doch vollkommen klar sein muss, dass sie auch mit noch so beharr-
lichem Hämmern an der Zusammenstellung der Karten, die sie ja
bereits in ihren Händen halten, nicht mehr das Geringste ändern können. Wieder andere bestehen darauf, bei einer Spielrunde auf demselben Stuhl zu sitzen, auf dem sie beim letzten Mal gewonnen haben,

und Fußballtrainer rasieren sich während einer Siegesserie nicht, sondern erst dann, wenn ihre Mannschaft wieder verloren hat.

Die irrationale Bedeutung, die viele Zeitgenossen Phänomenen und Korrelationen zumessen, die mit Zahlen zu tun haben, machen sich Organisationen und Medien schon seit langem zunutze, indem sie uns mit angsteinflößenden Sachverhalten in Form von Statistiken erschrecken. Alle zehn Sekunden erliege ein Mensch den Folgen des Rauchens, erklärt die Weltgesundheitsorganisation; das Deutsche Krebsforschungszentrum setzt noch einen drauf, indem es verkündet, dass allein in Deutschland Jahr für Jahr 400 Passivraucher an Lungenkrebs stürben; und Mediziner der Berliner Charité verbreiten die Warnung, derjenige, der in seiner Wohnumgebung ständig einer Lautstärke von mehr als 65 Dezibel ausgesetzt sei, gehe ein hohes Risiko ein, einem Herzinfarkt zum Opfer zu fallen.

Darunter kann man sich ja zur Not noch etwas vorstellen. Wenn wir aber lesen, das Forschungszentrum für Umwelt und Gesundheit habe errechnet, dass eine zusätzliche Feinstaubkonzentration von zehn Mikrometer pro Kubikmeter Luft die Sterblichkeit der Betroffenen um sechs Prozent erhöhe und dass fortwährende Staubbelastung unsere Lebenserwartung sogar um bis zu zwei Jahre verkürze, so sagen uns diese Werte etwa so viel wie die höchstzulässige Strahlenbelastung von 50 Millisievert für eine Person, die beruflich mit Röntgenstrahlen zu tun hat.

Und dennoch beeindrucken uns solche Zahlen zutiefst. Der Psychologe und Direktor des Berliner Max-Planck-Instituts für Bildungsforschung Gerd Gigerenzer bezeichnet die Wirkung, die Prozentzahlen mit zwei Stellen hinter dem Komma auf uns haben, als »Illusion der Gewissheit«. Nach seiner Ansicht haben wir seit den Zeiten unserer steinzeitlichen Vorfahren nie gelernt, ihnen mit gebührender Skepsis zu begegnen. »Im Unterschied zu Geschichten, Klatsch, Tratsch und Mythen, die unser Denken seit dem Beginn menschlicher Kultur geformt haben, sind öffentliche Statistiken eine sehr junge kulturelle Errungenschaft«, erklärt er. »Im Umgang mit ihnen wird das Rüstzeug hinderlich, das einst dem Überleben unserer Vorfahren diente.« Und Karl Wegscheider vom Hamburger Institut für Statistik und Ökonometrie bezeichnet unsere auf mangelnder Skepsis beruhende Neigung, uns von derartigen Meldungen im Zahlengewand beeindrucken zu lassen, gar als »urzeitliche Aufnahmebereitschaft für Horrormeldungen«.

Politiker nutzen diesen Effekt schamlos aus, wenn sie ihre Gegner zur Untermauerung der eigenen Auffassung mit Zahlen bombardieren, die diese – das wissen sie genau – niemals nachprüfen können. Mit Statistiken kann man fast alles beweisen, es kommt im Grunde nur auf eine geschickte Auswahl und Verknüpfung der Zahlen sowie eine überzeugende Darstellung und Interpretation an. Wenn eine Statistik behauptet, ab einem bestimmten Lärmpegel steige das Infarktrisiko, so lässt sie – vielleicht mit voller Absicht – unberücksichtigt, dass Menschen, die in ausgesprochen lauten Gegenden – vorzugsweise Großstädten – wohnen, wahrscheinlich auch sonst ungesünder leben, dass sie viel mehr Abgase einatmen und vielleicht vor allem deshalb häufiger einen Herzinfarkt erleiden.

DIE MAGISCHE KRAFT DER LOGOS

Wir verlassen uns eben gerne auf symbolische Dinge und Handlungen, die nach unserer Überzeugung Glück bringen, und vermeiden – oft sogar vollkommen unbewusst – alles, was das Gegenteil bewirken könnte. Deshalb vertrauen wir auch nur zu gerne Symbolen, mit denen wir etwas Positives verbinden – und jede Firma, die etwas von Marketing versteht, nützt das weidlich aus. Eigene Abteilungen oder externe Werbeagenturen sind mit nichts anderem beschäftigt, als einprägsame Marken und Logos auszutüfteln, die, nachdem sie am Markt eingeführt und allgemein bekannt sind, auf uns Verbraucher nachgewiesenermaßen eine stärkere Wirkung haben als noch so umfangreiche textliche Produktinformationen.

Dass die Firmen im Grunde nichts anderes tun, als unsere uralte Anfälligkeit für mythische Symbole sowie magische Zeichen und Klänge auszunutzen, wird uns dabei gar nicht bewusst. Wenn der Wert einer Marke mit dazugehörigem Logo in die Millionen geht, wenn es in den USA und in England sogar möglich ist, diesen Wert in der Bilanz eines Unternehmens zu aktivieren, wird deutlich, welche Bedeutung derartigen Werbebotschaften beigemessen wird. Bei Unternehmenskäufen und -verkäufen sind es nicht zuletzt die Marken, die den Preis bestimmen, und bei großen Deals ist es keine Seltenheit, dass der Käufer ein Mehrfaches des Börsenwertes bezahlt, wenn er wertvolle Marken mit allgemein bekannten Logos übernehmen kann. Denn bei der Bewertung des Unternehmens spielen bei weitem nicht nur die vorhandenen Fabriken oder Vertriebsorganisationen eine Rolle, sondern mit dem Faktor Marke vor allem die Gewähr auf kontinuierliche Umsätze. Obwohl uns eigentlich klar sein müsste, dass der Mercedes-Stern grundsätzlich ebensowenig mit der Qualität eines Autos zu tun hat wie das große M von McDonald's mit dem Wohlgeschmack von Fastfood oder das Nike-Häkchen mit der Zweckmäßigkeit von Sportschuhen und -bekleidung, stellen wir diese Verbindung allein schon beim Anblick des Logos ganz automatisch her. Damit verhalten wir uns im Grunde wie unsere steinzeitlichen Ahnen mit ihren faszinierenden Höhlenmalereien, denen Paläontologen ebenfalls tiefgreifende mystische Wirkungen zuschreiben.

MODERNE SCHAMANEN

Aber auch in ganz anderen Bereichen unseres täglichen Lebens lassen wir uns gerne täuschen und sehen die Macht der Magie am Werk. Mit Vorliebe überlassen wir uns der suggestiven Kraft des Glaubens und werden ebenso wie die steinzeitlichen Jäger, denen Hodur lediglich einen toten Käfer zeigen und intensiv genug einreden musste, heute werde ihnen das Jagdglück lachen, nur zu leicht Opfer fremder Manipulationen. Dabei passiert es verblüffenderweise gar nicht so selten, dass der Zauber wirkt. Ja, wenn wir nur fest genug davon überzeugt sind, irgendetwas habe auf uns einen bestimmten Einfluss, ist es sogar mehr als wahrscheinlich, dass dieser Einfluss auch tatsächlich spürbar wird.

Geradezu berühmt ist in diesem Zusammenhang der sogenannte Placebo-Effekt, die nachweislich heilende Kraft eines Präparats ohne pharmakologische Inhaltsstoffe, sofern der Kranke, dem das Schein-medikament – vielleicht nur eine Tablette aus Puddingpulver – verabreicht wird, nur fest genug an dessen positive Wirkung glaubt. Kein kluger Arzt wird darauf verzichten, den Heilungsprozess mit derartigen, zwar nur suggestiv, aber deshalb nicht minder intensiv wirkenden Substanzen zu unterstützen, zumal seit langem bekannt ist, dass viele geistige Störungen weitaus besser durch psychische als durch medikamentöse Therapie zu behandeln sind. Vom Arzt in überzeugender Manier verschrieben und vom Apotheker mit vertrauenerweckendem Zuspruch überreicht, leisten derartige Scheinpräparate dem Betroffenen denselben magischen Dienst wie unseren Vorfahren einst die mystischen Tänze und Gesänge der Schamanen.

Unter Medizinern herrscht Einigkeit, dass man einen erheblichen Anteil der kostspieligen Schlaf- und Beruhigungsmittel durch Placebos ersetzen könnte, ohne eine nennenswerte Einschränkung der Wirksamkeit befürchten zu müssen. Ähnlich erklärt sich der nicht wegzuleugnende Effekt homöopathischer Arzneimittel, die nicht selten in derartigen Verdünnungen genommen werden, dass sich in mehreren Litern gerade mal ein einziges Wirkstoffmolekül befindet. Eine wichtige Rolle spielt dabei wohl die Tatsache, dass sich durch Suggestion insbesondere diejenigen Menschen gut beeinflussen lassen, die nach eigenem Bekunden, jedoch ohne erkennbare medizinische Ursache, in ihrem Allgemeinbefinden und damit oft auch in ihrer Urteilsfähigkeit beeinträchtigt sind.

Glaube versetzt bekanntlich Berge, und so, wie sich unsere archaischen Vorfahren durch Mystisch-Rätselhaftes – vor allem wenn es von selbsternannten Experten wie dem sich verrenkenden und wildes Geheul ausstoßenden Hodur ausging – massiv beeindrucken ließen, so sind wir auch heute noch keinesfalls gegen derartige Manipulationen gefeit. In besonderem Ausmaß machen sich das seit Urzeiten die Heilkundigen zunutze, indem sie ihre Patienten mit allerlei respekteinflößenden Geräten traktieren, die die Betroffenen zwar erschrecken, in ihnen aber auch einen geradezu ehrfürchtigen Respekt vor den scheinbaren Fachleuten aufrechterhalten, die damit umzugehen wissen.

Daran hat sich bis heute nichts geändert: Je komplizierter und teurer medizinische Apparaturen wirken, je eindrucksvollere Ton- und Lichteffekte sie hervorbringen, desto mehr sind wir von ihrer Bedeutung und Heilkraft überzeugt. Die Hersteller medizintechnischer Geräte sind sich dieser Tatsache durchaus bewusst und statten ihre futuristischen Erzeugnisse deshalb mit vielerlei unnützem, überaus kompliziert wirkendem Schnickschnack aus, der einzig und allein den Zweck hat, die Patienten zu beeindrucken. Und die Ärzte machen gerne mit: Sie stellen ihre Praxen mit allerlei mysteriösen Gegenständen und scheinbar hochmodernen Maschinen voll, von denen sie viele zwar im Grunde gar nicht benötigen, die jedoch bei den Patienten eine Mischung aus Neugier, Furcht und auf jeden Fall Bewunderung für den fortschrittlichen Doktor auslösen – und damit indirekt ihre Genesung unterstützen.

SUCHER UND SAMMLER

Ein anderes, nicht minder erstaunliches und keinerlei rationalen Argumenten zugängliches Phänomen, das wir unseren Vorfahren verdanken, ist unser tief verwurzeltes Verlangen, alles Mögliche und Unmögliche zusammenzutragen. Damit ist keinesfalls nur das oft geradezu zwanghafte Verhalten der herbstlichen Pilzsammler gemeint, die unter erheblichem Zeit- und Arbeitsaufwand stundenlang durch die Wälder streifen, sich dabei im Unterholz Arme und Gesicht verkratzen und am Schluss oft mit einer derart bescheidenen Ausbeute nach Hause kommen, dass sie für eine ausreichende Mahlzeit noch Pilze hinzukaufen müssen. In ihrem Verhalten wird das manchmal schon an Besessenheit grenzende Bestreben deutlich, Nahrungsvorräte zu horten, wie das für unsere Ahnen überlebenswichtig war, und zudem kommen auch deutlich Elemente der urzeitlichen Jagd zum Vorschein, die noch immer in den meisten von uns schlummern. Das geht vom Aufstehen in aller Herrgottsfrühe über das Anlegen waidgerechter Kleidung – feste Jacken, Hosen und Stiefel – und die Mitnahme martialisch anmutender Messer bis zum Ausschwärmen in möglichst abgelegene Reviere, die vor Konkurrenten unter allen

Umständen geheimzuhalten sind. Ob Wala und Korod auch schon darauf achteten, ja niemandem den Weg zu den ergiebigsten Sammelgründen zu verraten, wissen wir nicht; heute ist ein derartiges Verhalten bei vielen unserer Zeitgenossen jedoch in geradezu skurriler Ausprägung zu finden. Da legt man zum Zweck von Tarnung und Täuschung zunächst betont ungeeignete Kleidung an, hält während der Fahrt zum angestrebten Waldziel eifrig nach Verfolgern Ausschau und nimmt notfalls sogar ausgedehnte Umwege in Kauf, um einen eventuellen Sammelkonkurrenten in die Irre zu führen.

Doch immerhin trägt die Beute eines Pilz- oder Beerensammlers – ausreichende Kenntnisse der essbaren Arten vorausgesetzt – zu unserer Ernährung und damit zur Befriedigung eines unserer fundamentalen Bedürfnisse bei. Das lässt sich von dem, was andere Besessene mit immensem Fleiß und erheblichem zeitlichen und finanziellen Einsatz zusammentragen, wahrlich nicht behaupten: Bildchen mit Sportlern, Tieren und Autos werden da angehäuft und in Alben geklebt, Antiquitäten einer bestimmten Stilrichtung, Briefmarken mit der Abbildung von Dinosauriern, amerikanische Bierdeckel, bunt beschriftete Kronkorken, Streichholzschachteln aus Südostasien, aber auch besonders originelle Korkenzieher, Kaffeemühlen mit komplizierter Mechanik und – wenn das Geld keine Rolle spielt – besonders gerne möglichst alte, aber gleichzeitig in makellosem Chromglanz erstrahlende Autos. Nichts ist vor der Sammelwut solcher Zeitgenossen gefeit, Zeitschriften widmen sich einzig und allein diesem Spleen, und die Zahl der Internetseiten, die sich mit ausgefallenen Sammelobjekten befassen, ist längst unüberschaubar geworden.

Apropos Internet, die rasante Verbreitung des World Wide Web scheint die Sammelwut noch einmal gewaltig angeheizt zu haben. Wie sonst ist die Unzahl der Anbieter zu verstehen, die beispielsweise mit einer Kollektion der obszönsten Schimpfwörter aufwarten, mit den skurrilsten Namen aus Telefonbüchern oder den abenteuerlichsten Arten, zu Tode zu kommen? So tief steckt der urzeitliche, unseren Vorfahren das Überleben sichernde Sammeltrieb in uns, dass nicht wenige bereit sind, für eine Kollektion ganz und gar nutzloser Dinge

astronomische Preise zu bezahlen oder erhebliche Risiken einzuge-
hen. So wie der Musikfan aus Hongkong, der auf einer Auktion in
Spanien für ein einziges Haar des Ex-Beatles John Lennon sage und
schreibe 3460 Euro hinblätterte; oder der Niederbayer, den seine
Sammelleidenschaft für Gummistiefel dazu trieb, in Wohnungen,
Garagen und Gartenhäuser einzubrechen, Schlösser zu knacken und
Fenster einzuschlagen, nur um möglichst viele der bunten Schuhe in
seinen Besitz zu bringen.

Von Soziologen wird zur Begründung der oft unverständlichen
Sammelwut noch ein anderer Aspekt angeführt: der gesellschaftliche
Status, den sich der Betroffene davon erhofft. Wer weder über viel
Geld noch über besondere Talente verfügt, hat in der Regel wenig
Chancen, jemals eine herausragende Stellung in der Gesellschaft zu
erlangen, so wie sie prominenten Politikern, Künstlern, Sportlern
oder Wissenschaftlern als Nebenprodukt ihrer Tätigkeit gleichsam
automatisch zufällt. Da bietet sich das Sammeln als durchaus erfolg-
versprechende Methode an, die Aufmerksamkeit der Öffentlichkeit
auf sich zu lenken. Also trägt man möglichst große Mengen möglichst außergewöhnlicher Dinge zusammen, beispielsweise Bonbon-
papierchen einer bestimmten Marke, Nasenpflaster in unterschiedlicher Ausfertigung oder sämtliche Briefmarken der Pazifikinsel Niue.
Entscheidend ist, dass kein anderer über eine vergleichbare Samm-
lung verfügt. Dann ist es oft nur eine Frage der Zeit, bis die Medien
aufmerksam werden und den Sammler der Öffentlichkeit präsentieren. Und der kann dann seinen Ruhm ebenso auskosten wie weiland
die Steinzeitfrau, die von ihren Streifzügen mit der größten Menge
schmackhafter Früchte ins Lager zurückkehrte.

KÖRPER UND SINNE

Unbeweglich steht Ugur am Waldrand, verborgen hinter einem üppig belaubten Baum, der ihm durch sein dichtes Geäst den Blick auf eine ausgedehnte, nur von niedrigen Büschen bestandene Savanne erlaubt. Gespannt hält er nach dem Mammut Ausschau, das, von besonders mutigen und ausdauernden Männern seines Stammes getrieben, aller Voraussicht nach in den nächsten ein, zwei Stunden die gut einsehbare Fläche überqueren muss. Weit entfernt, vom Glutball der Sonne beschienen, äst eine einsame Antilope und wirft dabei immer wieder auf, um sich nicht von nahenden Feinden überraschen zu lassen. Damit ihr auch nicht das geringste Geräusch entgeht, dreht sie ihre Ohren unablässig wie kleine Schalltrichter hin und her.

Das ist bei Ugur kaum anders. So starr er auch dasteht, seine Ohrmuscheln sind in ständiger Bewegung. Doch kein Laut ist zu hören. Er blickt zu Ruki hinüber, seinem Freund, der ein Stück entfernt – wie er selbst vom Bewuchs des Waldrandes gedeckt – die Savanne ohne Unterlass nach einem Anzeichen des nahenden Mammuts absucht. Auch Rukis Ohren stehen nicht still, und als er Ugurs Blick auffängt, gähnt er ausgiebig. Prompt tut Ugur es ihm nach: Er öffnet langsam den Mund und holt tief Luft, um sie gleich darauf wieder leise auszustoßen. Mit Daumen und Zeigefinger macht er Ruki ein Zeichen und grinst ihn aufmunternd an. »Gleich geht's los!«, soll das wohl heißen. Aber Ruki scheint ihn nicht zu verstehen. Ratlos kratzt er sich am Kopf.

Doch was plötzlich mit lautem Krachen aus einer Dickung auf die Lichtung springt, ist kein Mammut, sondern eine Hyäne. Eine besonders kräftige noch dazu. Ugur fährt zusammen und kann nur mit Mühe verhindern, dass er einen Schreckensschrei ausstößt. Sein Herz rast, Schweiß bricht ihm aus allen Poren, und er beginnt, am ganzen Leib zu zittern. Unwillkürlich stellen sich die dichten Haare an seinem Körper auf, er umfasst seine Lanze fester, um für den Fall eines Angriffs mit aller Kraft zustoßen zu können. Doch das Raubtier mit dem mächtigen Gebiss beachtet ihn überhaupt nicht und trollt sich, wobei es ein Geräusch von sich gibt, das Ugur vorkommt, als würde es lachen.

Kaum hat er sich beruhigt – die Haare liegen wieder an seinem massigen Körper an und sein Atem geht regelmäßiger –, da jagt ihm ein Schrei einen eisigen Schauer den Rücken hinunter. Es ist nur das Kreischen eines Affen in den Bäumen über ihm, aber das schrille Geräusch reicht aus, ihn am ganzen Körper frösteln zu lassen. Danach ist endlich Ruhe, nur die Blätter der Bäume und Sträucher rascheln noch leise in der Morgenbrise. Inzwischen ist die Sonne über den Horizont emporgestiegen, und Ugur beobachtet fasziniert, wie sie immer kleiner wird, während sie in aller Ruhe den Himmel erklimmt.

BLICK VORAUS

Dieselbe Beobachtung, dass nämlich Sonne und Mond umso größer wirken, je tiefer sie über dem Horizont stehen, können auch wir bei wolkenlosem Himmel jeden Morgen und jeden Abend machen. Dabei handelt es sich jedoch um nichts weiter als um eine optische Täuschung. Im Gegensatz zu Ugur können wir uns davon ganz leicht überzeugen, wenn wir einmal einen Sonnenauf- oder -untergang fotografieren. Dann stellen wir überrascht fest, dass der leuchtende Ball auf der Aufnahme dicht über dem Horizont keinesfalls größer ist als im Lauf des Tages hoch oben am Himmel. Die Ursache dieser erstaunlichen Sinnestäuschung liegt darin, dass unser optischer Wahrnehmungsraum nicht, wie man erwarten könnte, halbkugelförmig, sondern von oben her abgeplattet ist. Deshalb erscheint uns alles, was in unserer Beobachtungsebene liegt – und das trifft für die tief stehende Sonne ja zu –, viel größer als das, was sich weit über uns befindet. Für Ugur und seinen Kameraden war dieses Phänomen in höchstem Maße sinnvoll, ließ es doch eine potenzielle Jagdbeute auf der Fläche um sie herum unverhältnismäßig groß erscheinen, während das, was sich über ihnen abspielte und für sie von eher untergeordneter Bedeutung war, vergleichsweise klein wirkte.

Wer den bis heute wirksamen Bezug zur Ebene überprüfen will, kann das mit einem einfachen Test tun: Er muss nur einmal versuchen, einen Arm unter 45 Grad schräg nach oben zu halten. Lässt er eine andere Person nachmessen, wird er in der Regel feststellen, dass der tatsächliche Winkel des Armes zur Waagerechten erheblich kleiner ist, dass er ihn also viel zu weit dem Horizont angenähert hat. Bei Affen und anderen Tieren, die bevorzugt auf Bäumen leben, ist das anders: Da für sie eine von oben oder unten heranschleichende Schlange, aber auch eine Frucht über oder unter ihnen weitaus wichtiger ist als das, was sich auf ihrer Beobachtungsebene abspielt, erscheint ihnen – das haben Untersuchungen einwandfrei ergeben – die Sonne dann am größten, wenn sie über ihnen steht, während sie dicht über dem Horizont eher klein wirkt.

WACKELNDE OHREN

Auch dass einige von uns – freilich ohne jeglichen Nutzen – mit den Ohren wackeln können, verdanken wir unserem evolutionären Erbe. Noch immer verfügen wir über dieselben Muskeln, mit denen Ugur und Ruki ihre Ohrmuscheln hin- und herbewegten, um auf diese Weise auch das leiseste Geräusch zu orten: eine lohnende Jagdbeute ebenso wie eine tödliche Gefahr. Man kennt das Phänomen von wild lebenden Tieren – beispielsweise von Rehen, Füchsen und Hasen –, bei denen ebenfalls spezielle Muskeln dafür sorgen, dass die Schalltrichter ihres Gehörs pausenlos in Aktion sind, um einen eventuellen

Angreifer so früh wie möglich wahrzunehmen. Bei den meisten der heute lebenden Menschen sind die das Ohr bewegenden Muskeln allerdings infolge jahrtausendelangen Nichtgebrauchs verkümmert. Einige wenige Zeitgenossen sind jedoch nach wie vor in der Lage, ihre Ohrmuscheln willentlich zu bewegen, auch wenn es in der Regel nur zu einem kaum wahrnehmbaren Zucken reicht, das allenfalls dazu geeignet ist, in Gesellschaft ein wenig Aufmerksamkeit zu erregen und Mitmenschen zu belustigen, die an solchen Dingen Spaß haben.

HAARIGE ANGELEGENHEITEN

Männer, die mit derlei zweifelhaften Talenten nicht aufwarten können und auch sonst über keine bemerkenswerten Eigenschaften verfügen, mit denen sie speziell das weibliche Geschlecht beeindrucken können, vertrauen, sofern sie entsprechend ausgestattet sind, gern auf die Wirkung ihrer Brusthaare. In dieser Hinsicht gibt es ja überaus beeindruckende Exemplare, die nicht nur an Brust, Armen und Beinen, sondern sogar am gesamten Rücken und quer über das Gesäß dicht behaart sind.

Bevor wir uns über die Ursache eines solch mächtigen Pelzes Gedanken machen, sollten wir uns zunächst einmal fragen, wozu Körperhaare überhaupt gut sind. Fest steht, dass unsere Vorfahren uns heutigen Menschen in puncto Behaarung weit überlegen waren, wobei vor allem die Männer nicht selten über ein regelrechtes Fell verfügten. Und damit haben wir schon den richtigen Ansatz gefunden, denn dichte Behaarung ist letztlich nichts anderes als eine Art Fell, von dem wir uns jetzt nur noch klar werden müssen, wozu es den Säugetieren, die als Einzige damit ausgestattet sind, eigentlich dient. Zum einen hat es für ein Lebewesen, das es umhüllt, eine Art Mantelfunktion, hält es also auch bei unwirtlichen Temperaturen warm. Nicht umsonst tragen wildlebende Tiere im Sommer ein eher dünnes Haarkleid und legen rechtzeitig vor Beginn der kalten Jahreszeit ein dickes, isolierendes Winterfell an. Hierin liegt wohl auch der Hauptgrund für die Tatsache, dass Männer seit jeher stärker behaart sind als Frauen: Sie hielten sich seit Urzeiten öfter und länger im Freien auf und waren deshalb der Unbill der Witterung in erheblich höherem Maße ausgesetzt als die Damen, die sich zur Aufzucht der Jungen gern in angenehmer temperierte Höhlen und andere Behausungen zurückzogen.

Die männliche Haarpracht ist eng an die im Blut kreisende Menge des Geschlechtshormons Testosteron gekoppelt, wobei ein hoher Testosteronspiegel erstaunlicherweise vielfach auch für die typische Glatzenbildung in fortgeschrittenem Alter verantwortlich ist. Nun verfügen die Männer von heute über ebensoviel Testosteron wie ihre steinzeitlichen Vorfahren; schließlich sind ohne eine ausreichende Quantität dieses Botenstoffs sämtliche sexuellen Funktionen einschließlich der Bildung von ausreichend Spermien massiv gestört. Da sich die heute lebenden Geschlechtsgenossen von Ugur und Konsorten aber nach Belieben in Funktionsunterwäsche und Thermobekleidung hüllen können, die ihnen sogar den Aufenthalt in extrem unwirtlichen Gebieten wie auf dem Gipfel eines Achttausenders oder in einer Polarstation ermöglichen, hat die dichte Behaarung ihren Selektionsvorteil eingebüßt. Die Evolution bevorzugt Herren mit fellartiger Umhüllung, die ja bei vielen Frauen nach wie vor als besonders männlich gelten, schon lange nicht mehr. Insofern ist durchaus damit zu rechnen, dass es in ferner Zukunft keine Männer mehr geben wird, die sich dieses zweifelhaften Attributs rühmen können.

Neben der wärmenden haben Körperhaare bei entsprechender Dichte aber auch noch eine schützende Funktion. Unter anderem halten sie Regenwasser davon ab, in tiefere Schichten vorzudringen, weshalb wildlebende Tiere auch nach einem stundenlangen Wolkenbruch so gut wie nie bis auf die Haut durchnässt sind. Unser eher spärlicher Flaum hat diese Eigenschaft längst verloren, aber dennoch wachsen die Haare am Körper stets in dieselbe Richtung, nämlich von oben nach unten, was der Wasserableitung grundsätzlich dienlich ist. Das gilt insbesondere für die Haare an Armen, Beinen und Rücken, die ja bei vierbeinigen Tieren, von denen wir nun einmal abstammen, prasselndem Regen weit mehr ausgesetzt sind als das dem Brusthaar der Männer analoge Bauchfell, das deshalb vielfach eher kraus und ungerichtet wuchert.

Schließlich bleibt noch die Frage, warum uns die spärlich sprießenden Haare bei unerwartet auftretenden, angsteinflößenden Ereignissen zu Berge stehen. Diese Eigenschaft war für unsere urzeitlichen Vorfahren ebenso nützlich, wie sie es heute noch für viele Tiere ist. Ein Hund, der einem Artgenossen in feindlicher Absicht gegenübertritt, stellt reflektorisch seine Nacken- und Rückenhaare auf und wirkt damit für den Gegner erheblich größer und damit bedrohlicher. Bei unseren Ahnen, für die Begegnungen mit gefährlichen Kreaturen jedweder Art an der Tagesordnung waren, mag dieser Effekt tatsächlich einen potenziellen Angreifer abgeschreckt haben. Wenn wir heute in vergleichbaren Situationen die Haare aufstellen, ist das jedoch nichts weiter als ein im Grunde lächerliches Relikt aus fernen Zeiten, das inzwischen gänzlich seinen Sinn eingebüßt hat.

Unsere Haare richten sich aber nicht nur auf, wenn wir erschrecken, sondern auch, wenn wir frieren, was wiederum mit der bereits erwähnten wärmenden Eigenschaft zu tun hat und darauf beruht, dass sich zwischen den gespreizten Haaren weitaus besser als auf nackter Haut ein isolierendes Luftpolster bildet. Dieses schützte die steinzeitlichen, mit einem dichten Fell ausgestatteten Jäger wohl tatsächlich wirksam vor plötzlicher Kälte, ist für uns jedoch schon vor langer Zeit nutzlos geworden.

Auf welche Weise aber richten sich Körperhaare auf? Nun, dafür besitzt jedes einzelne von ihnen einen winzigen Muskel, der sich – bei Schreck ebenso wie bei Kälte – reflektorisch kontrahiert und das Haar so von einer horizontalen in eine vertikale Position bringt. Dabei zieht er es ein klein wenig in die umgebende Haut hinein, die dadurch plötzlich lauter kleine Krater und dazwischen befindliche Erhebungen bekommt. Auf diese Weise entsteht das typische Bild der Gänsehaut, die wir ja tatsächlich nach wie vor beobachten können, wenn wir vor Kälte bibbern oder vor Schreck erstarren. Dann geht es uns im Grunde nicht anders als Ugur, dem sich beim plötzlichen Anblick der gefährlichen Hyäne sämtliche Haare spreizten; seinerzeit, wie gesagt, durchaus effektiv und sinnvoll, heute jedoch, wo der Angstauslöser vielleicht in einem heranbrausenden Auto besteht, ohne jeglichen Vorteil.

50   KÖRPER UND SINNE

STRESS PUR

Doch nicht nur unsere Haare stellen sich bei einer plötzlichen Bedrohung auf, vielmehr wird unser ganzer Körper in Mitleidenschaft gezogen: Wir atmen hektisch, unser Herz rast, wir bekommen weiche Knie und kalte Füße, Schweiß bricht aus, und im Magen macht sich ein Gefühl breit, dass wir glauben, jeden Augenblick erbrechen zu müssen. Das alles zusammengenommen bezeichnet man als Stress. Und dass wir so leicht in einen solchen Zustand geraten, verdanken wir ebenfalls unserem steinzeitlichen Vermächtnis. Im Gegensatz zu uns heutigen Menschen mussten unsere Vorfahren auf eine bedrohliche Situation regelmäßig mit Kampf oder Flucht – die Engländer sprechen griffig von »Fight oder Flight« – reagieren. Dabei kam es unter Umständen auf Sekunden an, und da war es wichtig, dass der Körper perfekt mitspielte.

Und das tut er noch heute: Das vegetative, nicht unserem Willen unterworfene Nervensystem veranlasst die Nebennieren, im Bruchteil einer Sekunde Mengen des Stresshormons Adrenalin auszuschütten. Das befördert umgehend energiereichen Zucker in unsere Zellen und kurbelt damit alle unsere Kräfte an. Es lässt den Herzschlag in die Höhe schnellen und sorgt so dafür, dass mehr sauerstoff- und zuckerreiches Blut durch den Körper gepumpt wird. Sauerstoffreich ist das viele Blut jedoch nur, wenn auch die Atmung tiefer und schneller wird, was wiederum Erstickungsgefühle, Schmerzen oder Beklemmung in der Brust hervorrufen kann. Vor dem rasenden Herzschlag bekommen wir unbewusst Angst, und das spornt über eine vermehrte Adrenalin-Ausschüttung das Herz wiederum zu größerer Leistung an. Dieser Kreislauf schaukelt sich immer weiter hoch, bis Herzfrequenzen von 120 und mehr Schlägen pro Minute erreicht werden.

Daneben bekommen wir einen trockenen Mund, was daran liegt, dass der Körper jetzt einzig und allein auf Leistung und nicht im Geringsten auf Verdauung eingestellt ist und deshalb weniger Speichel produziert. Durch die schnellere Atmung verstärkt sich das Gefühl der Mundtrockenheit noch. Die Durchblutung der Verdauungsorgane wird zugunsten der Muskulatur reduziert, was – verbunden mit einer eingeschränkten Beweglichkeit von Magen und Darm – für das flaue, nicht selten mit Übelkeit verbundene Gefühl im Bauch verantwortlich ist. Auch Muskeln und Gelenke werden auf Bewegung, das heißt auf Flucht oder Angriff, programmiert. Nicht selten zittert die Muskulatur wegen der hohen Nervenerregung regelrecht, und bei den Gelenken zeigt sich die massiv erhöhte Aktionsbereitschaft auffällig in unsicherem Stand, den berühmten »weichen Knien«.

Und weil der Organismus alles verfügbare Blut für die lebenswichtigen Organe und ganz besonders für die Muskulatur braucht, zieht er es aus der Körperperipherie und vor allem aus Händen und Füßen ab, die dadurch merklich abkühlen: Wir bekommen vor Angst tatsächlich »kalte Füße«. Schließlich führt der Schweiß, der uns aus allen Poren bricht, dazu, dass wir am ganzen Körper glitschig werden, was einem potenziellen Angreifer das Zupacken erheblich erschwert. Das nützt uns heutzutage, wenn wir mit dem Auto ins Schleudern geraten oder unser Chef uns mitteilt, dass wir entlassen sind, zwar überhaupt nichts mehr, dennoch spielt sich noch alles wie in grauer Vorzeit ab, genauso wie bei Ugur, wenn er sich plötzlich einer bissigen Hyäne gegenübersah.

NERVIGE GERÄUSCHE

Ein ähnlicher Mechanismus liegt auch der Tatsache zu Grunde, dass uns Lärm auf Dauer krank macht. Vordergründig scheint man sich an laute Geräusche zwar gewöhnen zu können, denn wer neben einem lärmenden Industriebetrieb, einer Kirche mit imposantem Läutwerk oder gar einer viel befahrenen Bahnlinie wohnt, auf der ständig Züge vorbeirattern, nimmt diese Geräusche mit der Zeit kaum noch wahr. Dennoch belegen Versuche, dass derart Lärmgeplagte weit mehr Stresshormone ausschütten und auch, wenn sie nachts scheinbar durchschlafen, morgens erheblich weniger erholt erwachen als Menschen in ruhigeren Gegenden.

Diese Stresshormone stehen am Anfang einer Wirkungskette, die zu höherem Blutdruck, steigenden Blutfettwerten und vermehrter

Arterienverkalkung führt. Dadurch erhöht sich bei den Betroffenen die Gefahr, an einem Schlaganfall oder Herzinfarkt zu erkranken, und tatsächlich gehen Wissenschaftler davon aus, dass das Infarktrisiko bei Menschen, die häufig hohen Schallpegeln ausgesetzt sind, um bis zu 30 Prozent erhöht ist. Bei unseren Urahnen war die lärmbedingte Stressreaktion noch überlebenswichtig, da sie den Organismus bei unvermuteten und vor allem lauten Geräuschen in kürzester Zeit auf die Abwehr von Gefahren vorbereitete. Heute aber, wo wir die bereitgestellte Energie nicht mehr in Muskelarbeit umsetzen, ist der lärmbedingte Stress für uns nicht nur nutzlos, sondern schadet uns sogar.

Eine weitere körperliche Reaktion, in der viele Wissenschaftler ein Relikt unserer Evolution sehen, ist das unangenehme Frösteln bei bestimmten Geräuschen. Laufen dem einen kalte Schauer über den Rücken, wenn Fingernägel über eine Tafel kratzen, so ist es bei einem anderen das Knirschen von Styropor oder das Scharren von Holz auf Stein, das ihn schaudern lässt. Genau weiß niemand, worin die Ursache dieses merkwürdigen Phänomens liegt, das so ganz und gar sinnlos zu sein scheint. Lange Zeit glaubte man, es seien die hochfrequenten Töne, die das unangenehme Gefühl beim Hörer auslösen, doch Laboruntersuchungen konnten diese Vermutung nicht bestätigen. Es gibt jedoch ernsthafte Theorien, wonach es sich bei derartigen körperlichen Reaktionen um evolutionäre Überbleibsel eines Reflexes auf den Warnschrei bestimmter Affen handelt. Diesem ähneln nämlich erstaunlich viele Geräusche, die das lästige Frösteln auslösen (wobei bemerkenswert ist, dass deren Lautstärke kaum einen Einfluss auf die Intensität der Empfindung hat). Wovor ein Affe seine Horde warnte (zum Beispiel vor einem Leoparden oder Löwen), das war auch eine Gefahr für den Urmenschen.

GÄHNEN STECKT AN

Ebenso nutzlos wie die Gänsehaut (die empfindliche Zeitgenossen schon durch den Gedanken an das auslösende Geräusch bekommen) scheint auch das Gähnen zu sein. Nach Ansicht namhafter Verhaltensforscher handelt es sich dabei ebenfalls um ein Relikt aus Urzeiten, das vor allem die Aufgabe hatte, den Zusammenhalt einer Gruppe zu fördern. Denn mit Schlafbedürfnis hat es nur insofern zu tun, als wir vor allem dann gähnen, wenn wir müde sind. Allerdings ohne merklichen Effekt, denn das geräuschvolle Einsaugen einer größeren Menge Luft macht uns kein bisschen munterer: Selbst wenn wir abends zehnmal hintereinander herzhaft gähnen, fühlen wir uns danach genauso schlapp wie vorher.

Deshalb hat man die früher oft gehörte Theorie, durch Gähnen werde das Gehirn besser mit Sauerstoff versorgt, was eine aufmunternde Wirkung zur Folge habe, inzwischen längst fallengelassen. In der Tat konnten Wissenschaftler nachweisen, dass Menschen, deren Atemluft sie künstlich mit Kohlendioxid angereichert hatten, zwar heftiger atmeten, aber keinesfalls – was man eigentlich erwartet – häufiger gähnten. Umgekehrt mussten die Probanden auch dann gähnen, wenn sie reinen Sauerstoff einatmeten. In der Tat gähnen wir ja nicht nur, wenn wir müde und abgespannt sind, sondern auch, wenn uns langweilig ist oder wenn wir einem Mitmenschen unsere Überlegenheit signalisieren wollen. So wirkt es auf einen Sportler in höchstem Maße deprimierend, wenn ihn ein Konkurrent vor Beginn des Wettbewerbs gelangweilt angähnt und ihm dadurch gleichsam zu verstehen gibt: »Deinetwegen mache ich mir keine Sorgen; mit dir nehme ich es allemal auf!«

Besonders bemerkenswert ist die Tatsache, dass Gähnen ansteckt. Studien haben gezeigt, dass etwa jeder zweite dafür anfällig ist, wobei einige auf das Gähnen eines Mitmenschen schon nach wenigen Sekunden, andere erst nach mehreren Minuten reagieren. Bei in Horden lebenden Affen kann man beobachten, dass am Abend, wenn alle beieinander hocken, einer von ihnen – in der Regel der Anführer, also das ranghöchste Tier – ein paarmal herzhaft gähnt, woraufhin es ihm die anderen nachtun und sich kurz darauf zur Ruhe begeben. Bei uns Menschen funktioniert dieser Mechanismus genauso: Wenn bei einer abendlichen Gesellschaft erst einmal einer anfängt, wiederholt zu gähnen, hat er bald eifrige Nachahmer, und meist dauert es dann nicht mehr lange, bis sich alle Gäste fast gleichzeitig verabschieden und nach Hause gehen.

Die aktuelle wissenschaftliche Theorie, warum Gähnen ansteckt, geht von der Tatsache aus, dass es für uns seit jeher äußerst wichtig ist, die Gefühle und Handlungen unserer Mitmenschen richtig einschätzen zu können. Zu diesem Zweck besitzen wir im Gehirn ein Geflecht spezieller Nervenzellen, sogenannter Spiegelneurone, die unablässig damit beschäftigt sind, Mimik und Gesten der Personen um uns herum zu analysieren, sodass wir uns in andere Menschen hineinversetzen und ihre Gefühle nachvollziehen können. Untersuchungen haben belegt, dass vor allem besonders mitfühlende Menschen sich emotional leicht anstecken lassen. Werden sie angelächelt, lächeln sie zurück, gähnt jemand in ihrer Umgebung, so gähnen sie mit. Seelisch kranke Menschen, denen dieses Mitgefühl fehlt – Autisten zum Beispiel oder Schizophrene –, lässt denn auch das Gähnen anderer Personen vollkommen kalt.

Womit wir wieder bei Ugur und seinen Jägerkameraden wären. Denn unbestreitbar ist es vor allem für Menschen, die eng zusammenleben, überaus vorteilhaft, ihre Handlungen zu koordinieren und optimal aufeinander abzustimmen. Deshalb sind einige Forscher der Ansicht, Gähnen markiere den Übergang von der Ruhe zur Aktivität und umgekehrt. Demnach stellt es am Morgen eine Art Aufforderung an die Gruppenmitglieder dar, dass es jetzt losgeht, dass Action angesagt ist, während es abends innerhalb der Gemeinschaft den Wechsel von den Tagesaktivitäten zur Ruhe der Nacht ausdrückt.

Aber das sind bislang noch unbewiesene Theorien. Nur in einem Punkt sind sich die Gähnforscher weitgehend einig: Das Aufreißen des Mundes, bei dem sich zeitgleich die Augen schließen und dem ein tiefes Einsaugen der Luft sowie ein häufig weit vernehmbares Ausatmen folgt, ist ein Relikt aus unserer Jäger-und-Sammler-Vergangenheit. Es ist ein Signal, das in hohem Maße dazu beiträgt, den Zusammenhalt in einer Gruppe aufrechtzuerhalten, uns modernen Menschen jedoch nur noch in seltenen Ausnahmefällen einen Nutzen bringt.

VON KOPFKRATZERN UND NÄGELKAUERN

Genauso unnütz ist es, wenn wir uns am Kopf kratzen, wenn wir an unseren Fingernägeln kauen, die saubere Brille putzen oder als Männer die Krawatte zurechtrücken, obwohl sie einwandfrei sitzt. All diese überflüssigen Verhaltensweisen sind ebenfalls Relikte aus archaischen Zeiten, derer wir uns noch immer gern, wenn auch in der Regel vollkommen unbewusst bedienen. So alt sind sie, dass sogar unsere engsten tierischen Verwandten, die Schimpansen, sie in Phasen seelischer Anspannung zeigen: Dann kratzen sie sich sehr ausführlich auf eine Art, die sich deutlich von der normalen Reaktion auf einen Juckreiz unterscheidet. Wir Menschen haben da weit mehr auf Lager: Wir zünden eine Zigarette an, auch wenn uns gar nicht nach Rauchen zumute ist, ziehen unsere Armbanduhr auf, obwohl dazu keinerlei Anlass besteht, oder betrachten angeregt deren Zifferblatt, ohne die angezeigte Zeit wahrzunehmen. Wir befeuchten uns die Lippen, streichen uns den Bart, kauen auf den Fingernägeln herum, spielen mit den Ohrläppchen, kratzen uns das Kinn, trinken einen Schluck, ohne Durst zu haben, oder essen einen Happen, ohne hungrig zu sein. Weitere Beispiele sind das wiederholte Kontrollieren von Tickets oder das sinnlose Hantieren am Gepäck vor einer Reise.

All diese scheinbar nutzlosen Verrichtungen, die von Psychologen als Übersprunghandlungen bezeichnet werden, dienen nur einem einzigen Zweck: uns zu entspannen, uns auf ein konfliktträchtiges Ereignis vorzubereiten und unserer Aufregung Herr zu werden. Besonders häufig kann man sie bei gesellschaftlichen Ereignissen, etwa einem offiziellen Empfang oder zu Beginn einer Jubiläumsfeier, beobachten, wenn die Anwesenden krampfhaft bemüht sind, ihre Ängste und Aggressionen zu unterdrücken. Dann tut der Gastgeber gut daran, Drinks und Häppchen anzubieten, die den Gästen erlauben, sich sinnvoll zu betätigen. Anderenfalls kann er, während er sich selbst nervös die Hände reibt, beobachten, wie eine Frau an ihrem perfekt sitzenden Kleid zupft, wie ein Mann ständig mit den Fingern am Stiel seines leeren Weinglases auf- und abfährt und ein anderer so

56 KÖRPER UND SINNE

oft die Menükarte studiert, dass er sie, würde er sich konzentrieren, schon längst auswendig wüsste.

NUTZLOSE ANHÄNGSEL

Übersprunghandlungen sind, vom wissenschaftlichen Standpunkt aus betrachtet, rudimentäre Verhaltensweisen. Mit dem Begriff »Rudiment« bezeichnen Biologen Organe, aber auch Verhaltensweisen, die zwar noch in zurückgebildetem Zustand existieren, im Lauf der Evolution jedoch ihre ursprüngliche Bestimmung verloren haben. Wir tragen davon noch etliche mit uns herum. Neben den bereits erwähnten Ohrmuskeln und der Körperbehaarung sind dies vor allem die Nickhaut im Auge, das Steißbein, der Wurmfortsatz am Blinddarm, die Nasennebenhöhlen und die Weisheitszähne.

Bei der Nickhaut handelt es sich um eine kleine, halbmondförmige Bindehautfalte im nasenseitigen Augenwinkel, die man auch als drittes Augenlid bezeichnet. Bei vielen Wirbeltieren ist dieses transparente Gebilde so groß, dass es sich bei bestimmten Erkrankungen, aber auch bei starkem Wind oder Sandsturm, einer Schutzbrille vergleichbar, vor das gesamte Auge legen kann. Für uns Menschen indes ist die Nickhaut im Lauf der Evolution ganz und gar nutzlos geworden.

Dasselbe gilt für das Steißbein. Es bildet den unteren Abschluss des Rückgrats und besteht aus drei bis vier verkümmerten Wirbeln, die einstmals bei den gemeinsamen Ahnen von Mensch und Affe wohl Teil des Schwanzes waren beziehungsweise zu dessen Bewegung benötigt wurden. Heute dient es nur noch als – unter anatomischen Konstruktions-Aspekten durchaus entbehrliche – Ansatzstelle für verschiedene Bänder des Beckens und scheint allein den zweifelhaften Sinn zu haben, beim Daraufstürzen heftig zu schmerzen.

Ähnliches trifft auf unseren Blinddarm mit seinem fingerförmigen Anhängsel, dem Wurmfortsatz, zu. Einstmals, bei unseren pflanzenfressenden tierischen Vorfahren, diente er der Speicherung von Nahrung, damit diese einem bakteriellen Abbau unterzogen werden konnte. Heute weiß man zwar, dass er im Rahmen des Immunsystems eine gewisse Abwehrfunktion hat, Fakt ist jedoch, dass wir getrost darauf verzichten können, ohne uns deshalb um unsere Gesundheit Sorgen machen zu müssen. Im Gegenteil: Ohne Wurmfortsatz sind wir nicht mehr in Gefahr, an einer »Blinddarmentzündung« zu erkranken – immerhin derjenigen Magen-Darm-Krankheit, die am häufigsten einen chirurgischen Eingriff erfordert.

Auch die Nasennebenhöhlen, deren bekannteste die Kiefer- und Stirnhöhle sind, werden von vielen Experten als überflüssige Relikte aus grauer Vorzeit angesehen. Unseren vierbeinigen Vorfahren boten die Hohlräume im Schädel den unzweifelhaften Nutzen der Gewichtsersparnis, wodurch das Tragen des nach vorne gerichteten Kopfes erheblich erleichtert wurde. Bei unserem heutigen aufrechten Gang bringt uns eine geringere Schädelmasse jedoch keinen spürbaren Vorteil mehr. Außerdem gibt es Anhaltspunkte, dass die Nasennebenhöhlen früher einmal mit Geruchssensoren ausgekleidet waren und damit dazu beitrugen, den Urmenschen ein besseres Riechen zu ermöglichen. Heute befindet sich in ihrem Inneren nur noch Schleimhaut, und sie haben allenfalls den Effekt, zur Erwärmung und Befeuchtung der Atemluft beizutragen, wozu sie aber keinesfalls unbedingt erforderlich sind.

KEIN PLATZ FÜR DIE WEISHEIT

Ein wenig anders sieht es mit den Weisheitszähnen aus. Bei ihnen besteht das Hauptproblem in ihrer Position als letzte Backenzähne, wo sie zum Durchbrechen in die Mundhöhle häufig zu wenig Platz haben. Unsere urzeitlichen Vorfahren besaßen nämlich erheblich größere Kiefer, dabei jedoch dieselbe Anzahl von Zähnen. Dass die Kiefer im Lauf der Menschheitsgeschichte immer kleiner wurden, ist nach Ansicht des US-Anthropologen Peter Lucas eine Folge der Gewohnheit, Lebensmittel vor dem Verzehr zu kochen. Demnach begannen die zahntragenden Gesichtsknochen zu schrumpfen, als unsere Vorfahren dazu übergingen, ihre Nahrung mit Werkzeugen in Stücke zu schneiden und über dem Feuer zu garen. Dadurch wurden die Bissen nach Auffassung von Lucas nicht nur kleiner, sondern auch weicher, und das wiederum machte ausgeprägte Zähne und große, kräftige Kiefer überflüssig.

Zu dieser Annahme passt die Entdeckung des amerikanischen Wissenschaftlers Robert Martin vom Field Museum in Chicago: Als er das bereits im Jahr 1911 ausgegrabene Skelett einer Frau untersuchte, die bisher wegen ihrer noch im Kiefer steckenden Weisheitszähne für ein junges Mädchen gehalten worden war, stellte er mittels neuartiger Analyseverfahren fest, dass es sich in Wirklichkeit um die Knochen einer etwa 30-Jährigen handelte. Demnach muss es bereits am Ende der Altsteinzeit Menschen gegeben haben, deren Weisheitszähne zu wenig Platz hatten, um im Mund zu erscheinen.

Und da sich die Verkleinerung der Kiefer seitdem kontinuierlich fortgesetzt hat, durchstoßen die Weisheitszähne in unseren vergleichsweise kleinen Mündern sehr häufig nicht mehr das Zahnfleisch, wie das alle anderen Zähne tun, sondern schieben es vor sich her. So entsteht eine kapuzenförmige Schleimhauttasche, die einen idealen Bakterienschlupfwinkel darstellt und damit zum Ausgangspunkt schmerzhafter Entzündungen wird. Viele Weisheitszähne haben sogar noch weniger Platz und bleiben – oft schief und verdreht – gleich ganz im Kiefer liegen, was ebenfalls erhebliche Probleme nach sich ziehen kann.

PEINLICHES HICKSEN

Abschließend noch einige Bemerkungen zum Thema Schluckauf. Das durch rhythmische Zusammenziehungen des Zwerchfells verursachte lästige Hicksen ist nach Ansicht vieler Wissenschaftler ebenfalls ein nutzloses Überbleibsel unserer Evolution. Vor allem französische Forscher haben sich mit dieser Frage beschäftigt und darauf hingewiesen, dass der Schluckauf ursprünglich Lurchen dazu gedient hat, ihre Lungen vor Wasser zu schützen. Tatsache ist, dass der Ablauf, bei dem sich die Atemmuskeln ganz plötzlich zusammenziehen, woraufhin sich die Stimmritze schließt und damit das bekannte Geräusch verursacht, der Bewegungssequenz beim Stillen ähnelt. Deshalb glauben die Forscher, der eigentlich nutzlose Reflex sei erhalten geblieben, weil er einstmals Babys beim Saugen geholfen habe.

Anderen Theorien zufolge stellt das nervige Hicksen ein Überbleibsel von Atemübungen ungeborener Kinder dar (die tatsächlich bereits im Mutterleib Schluckauf haben), oder es bereitet die Atemmuskeln des Fetus auf seine spätere Aufgabe vor. Wozu der Schluckauf letztendlich wirklich gut ist, wissen wir also nicht genau – festzustehen scheint jedoch, dass er bei unseren urzeitlichen Vorfahren durchaus einen Sinn hatte, den er mittlerweile jedoch längst eingebüßt hat.

EIA POPEIA

Weil wir gerade bei Babys sind, wollen wir noch kurz eine Theorie erwähnen, die von der amerikanischen Anthropologin Dean Falk im Fachmagazin *Behavioural and Brain Sciences* vorgestellt wurde und die sich mit der Entstehung der Babysprache beschäftigt. Denn im Grunde ist es ja höchst merkwürdig: Kaum nähert sich ein Erwachsener einem Baby, ändert er unbewusst seine Mimik. Sein Gesichtsausdruck wird deutlicher und wirkt »übertrieben«, er betont seine Gesten und wiederholt sie mehrfach; und er benutzt in der Regel einen Wortschatz, den kein Erwachsener verstehen würde, wobei seine Stimme zu allem Überfluss auch noch eine Oktave hinaufrutscht.

Nach Falks Auffassung entstand diese Ausdrucksform, als unsere Urahnen ihre Körperbehaarung verloren und begannen, aufrecht zu gehen. So praktisch dieser Entwicklungsschritt für die Menschen war, so einschneidend war er für die Babys. Denn diese konnten sich nun nicht mehr – wie kleine Affen – ständig am Fell ihrer Mütter festhalten. Vielmehr waren die Frauen gezwungen, ihre Sprösslinge bei der – im urzeitlichen Wald alles andere als ungefährlichen – Nahrungssuche immer wieder abzusetzen, um ihre Hände freizuhaben. Und Säuglinge, die den Körperkontakt zu ihrer Mutter verlieren, haben zu allen Zeiten angefangen, jämmerlich zu weinen. Da sie mit ihrem Geschrei in der Steinzeit aber Raubtiere herbeigelockt hätten, mussten die Frauen dafür sorgen, dass die Kleinen möglichst still blieben. Je ruhiger sie sich verhielten, desto weniger waren sie und ihre Mütter gefährdet, Opfer gefährlicher Bestien zu werden, und deshalb gewöhnten die Frauen es sich an, auf ihre abgesetzten Babys in beruhigenden, singenden Tönen einzureden. Und da sich diese Taktik nach Ansicht der Anthropologin bewährte, konnte sie sich im Lauf der Jahrmillionen zu einer richtigen Sprache entwickeln, derer wir uns bis heute beim Umgang mit Säuglingen bedienen.

Dass eine solche Sprechweise durchaus angebracht ist, wurde in umfangreichen Untersuchungen bewiesen: Säuglinge, die verbale und mimische Signale in der ihnen gemäßen Form erhalten, tun sich in ihrer Entwicklung leichter als jene, mit denen Erwachsene stets »korrekt« sprechen. So wie es auch in anderen Bereichen überaus sinnvoll ist, mit Kleinkindern altersgemäß umzugehen, sie also ihrem Entwicklungsstand entsprechend zu betreuen und nicht zu überfordern, so sollte man dies durchaus auch beim Sprechen tun. Beim Anblick eines Babys unbewusst in dessen ureigene Ausdrucksweise zu verfallen ist ein uralter, aber deswegen keinesfalls sinnloser biologischer Mechanismus, mit dem man einem Kind nicht schadet, sondern es sogar in seiner Entwicklung fördert.

ANGST UND SCHRECKEN

Es ist später Nachmittag. Die letzten Strahlen der tief stehenden Sonne beleuchten über einen Felsgrat hinweg ein paar hohe Baumwipfel; die niedrige Vegetation, Sträucher, Kräuter und Moos, liegt bereits im Schatten. Ugur rauft sich die Haare. Es ist zum Verrücktwerden. Am Morgen hat er das Mammut schon laut trompeten gehört, hat sogar einen Moment lang geglaubt, im steinigen Untergrund das Dröhnen der schweren Hufe zu spüren, hat seinen Speer fester gepackt, bereit, auf den Riesen loszustürmen und zuzustoßen; da war das ganze Spektakel, ehe es richtig angefangen hatte, auch schon wieder zu Ende. Kurz darauf hat ihm ein Treiber berichtet, das zu Tode erschöpfte Mammut habe ganz plötzlich unter Aufbietung all seiner Kräfte die Fluchtrichtung gewechselt, es habe sich wie ein gigantischer Felsblock einen Hang hinuntergestürzt und sei brüllend in einem Seitental verschwunden.

Ugur hat die Nachricht mit Bestürzung, aber auch mit einer gewissen Erleichterung aufgenommen, weiß er doch, dass das Tal, in das das Tier in seiner Panik geflüchtet ist, blind endet, in einer von hohen Felsen begrenzten, schmalen Schlucht, aus der es kein Entrinnen gibt. Sofort hat er seine Männer angewiesen, die natürliche Falle abzuriegeln, und steht nun selbst nicht weit vom Ende des engen Tales entfernt, fest entschlossen, der aufreibenden Jagd an dieser Stelle ein Ende zu machen.

Während er dem Mammut entgegenfiebert, ist er unablässig damit beschäftigt, die umgebenden Sträucher und Bäume, den mit dichtem Gestrüpp bewachsenen Boden, aber auch die davorgelegene offene Graslandschaft, die sich zu einem kleinen Flüsschen hinabzieht, mit den Augen abzusuchen. Denn so günstig das Tal für die Jagd ist – es hat doch einen entscheidenden Nachteil: Hier wimmelt es von gefährlichen Tieren. Giftige Schlangen gibt es in Fülle, große, haarige Spinnen, deren Biss einen Mann töten kann; und vor einigen Monaten hat unweit der Stelle, an der er jetzt steht und lauscht, ein Säbelzahntiger einen seiner Freunde angefallen und totgebissen. Um sich nicht auch noch ständig umblicken zu müssen, steht Ugur mit der Schulter an die steile Felswand gelehnt, die die Schlucht zur einen Seite hin begrenzt. So droht ihm wenigstens von rückwärts keine Gefahr. Unwillkürlich hält er nach einem Baum Ausschau, den er für den Fall eines Raubtierangriffs erklettern könnte, einem Baum, dessen Äste so tief über dem Boden aus dem Stamm wachsen, dass er sich mühelos hinaufschwingen kann, und der hoch genug ist, um ihm von den oberen Verzweigungen aus einen Rundumblick über das ganze Tal zu ermöglichen.

Plötzlich hört er ein leises Grollen. Er zuckt zusammen und presst sich unwillkürlich noch fester an das solide Gestein in seinem Rücken. Einen Moment lang glaubt er, das Mammut zu vernehmen, doch dann wird ihm bewusst, dass das, was da auf ihn zukommt, kein riesiges Tier, sondern ein mächtiges Gewitter ist. Lange wird es nicht mehr dauern, dann wird die Schlucht vom Krachen des Donners widerhallen und von glühenden Blitzen taghell erleuchtet werden. Schon beginnen dicke Tropfen zu fallen, und kurz darauf rauschen Wassermassen mit solcher Wucht vom Himmel, dass Ugur die Umgebung nur noch mit Mühe, wie durch einen milchigen Vorhang, erkennen kann.

Er beginnt zu zittern. Das hat ihm gerade noch gefehlt! Zwar ist die Gefahr, dass er oder einer der anderen Jäger vom Blitz erschlagen wird, hier in der tiefen Schlucht gering, doch hat ihnen nicht Hodur, der Schamane, immer wieder eingeschärft, Blitz und Donner

64 ANGST UND SCHRECKEN

würden von den Göttern geschickt? Sie seien Ausdruck ihrer Wut und würden unweigerlich jeden vernichten, der sie nicht ernstnehme? Soll er die Jagd abblasen? Darf er es riskieren, seine Männer dem unberechenbaren Zorn göttlicher Mächte auszuliefern? Er spürt, wie seine Hände feucht werden. Egal, wie er sich entscheidet, sein Befehl kann Leben kosten. Widersetzt er sich der unmissverständlichen Botschaft, lassen die Götter vielleicht den Fluss in der Mitte der Schlucht in kürzester Zeit so stark anschwellen, dass sie alle, das Mammut eingeschlossen, elendig in den Fluten ertrinken. Bricht er die Jagd aber ab, bringt er seinen Stamm um eine fast sichere Beute, um eine Riesenmenge Fleisch, auf das nicht nur seine Männer, sondern auch deren Frauen und Kinder dringend angewiesen sind. Wie lange ist es her, seit es das letzte Mal Fleisch satt gegeben hat, seit sie sich alle die Bäuche vollgeschlagen haben mit köstlichen Mammutlenden und -keulen? Dazu noch die Knochen und das Fell. Wie viele Werkzeuge und welch gewaltige Menge wertvollen Leders ließen sich daraus herstellen! Wie viele Kleider, Hosen, Mützen und Schuhe könnte man daraus anfertigen!

Ugur blickt zu dem Mann hinüber, der etwas weiter Richtung Talausgang steht, und fängt dessen flehenden Blick auf. Unverhohlene Angst spricht daraus. Mach Schluss, schreien die weit aufgerissenen Augen. Verdirb es dir nicht mit den Göttern! Lieber hungern und frieren, als vom Blitz erschlagen zu werden oder elend zu ertrinken! Doch so schnell, wie das Gewitter begonnen hat, ist es auch schon wieder zu Ende. Noch ein letztes Grummeln, noch ein mattes Flackern am Abendhimmel, ein paar letzte, klatschende Tropfen, dann ist Schluss.

In diesem Augenblick bricht das Mammut aus dem Dickicht hervor.

MIT DEM RÜCKEN ZUR WAND

Zum Glück müssen wir heute in unseren Dörfern und Städten nirgends mehr mit einem heimtückischen Angriff wilder Bestien aus dem Hinterhalt rechnen. Und dennoch verhalten wir uns oft noch immer genau wie Ugur, der sich an die rückwärtige Felswand lehnte, um von dieser Seite her geschützt zu sein und seine ungeteilte Aufmerksamkeit den Geschehnissen widmen zu können, die sich vor ihm abspielen. Die ersten Tische, die in einem leeren Restaurant von den eintretenden Gästen besetzt werden, sind fast immer die Ecktische; anschließend kommen diejenigen entlang der Wände an die Reihe, während die Plätze in der Mitte des Raumes, wo man anderen Gästen des Lokals den Rücken zuwendet, erst ganz zum Schluss besetzt werden, wenn es keine andere Möglichkeit mehr gibt.

Nach wie vor wollen wir alles im Blick haben, empfinden das instinktive Bedürfnis, auf unvorhergesehene Ereignisse reagieren zu können. Wir wollen sehen, wer das Restaurant betritt, und fühlen uns bei dem Gedanken, plötzlich und unvorbereitet von hinten angesprochen zu werden, äußerst unwohl. Erfahrene Restaurantplaner wissen das und statten die Lokalitäten mit Zwischenwänden aus, die den Gästen »Rückendeckung« und ein Gefühl von Sicherheit geben. Besonders beliebt sind in diesem Zusammenhang Tische in Erkern, die den Zechern das Gefühl vermitteln, in einer Art Höhle vor feindlichen Attacken geschützt zu sein.

Dass die Vorliebe für einen derartigen Sitzplatz keinesfalls nur für unseren Kulturkreis gilt, beweisen die Chinesen. Einem traditionellen Protokoll zufolge sitzt bei ihnen der Ehrengast einer festlichen Tafel stets mit dem Rücken zur Wand, und zwar möglichst gegenüber der Eingangstür, sodass er genau beobachten kann, wer den Raum betritt oder verlässt. Der Gastgeber nimmt ihm gegenüber Platz, und die übrigen Gäste verteilen sich auf die Plätze zu beiden Seiten der Tafel. In chinesischen Benimmbüchern kann man nachlesen, dass dieser uralte Brauch – genau wie bei uns – ursprünglich dem Schutz des Gastes vor der Gefahr diente, hinterrücks überfallen zu werden.

HAUS IM GRÜNEN

Nicht wenige Evolutionspsychologen sehen in diesem unbewussten Streben nach Sicherheit sogar den tieferen Grund dafür, dass wir bestimmte Bäume besonders attraktiv finden. Ein majestätisch in der

66 ANGST UND SCHRECKEN

Landschaft stehender Baum, hoch genug, um weite Sicht ins Umland und gleichzeitig Schutz vor Raubtieren zu gewähren, mit tief ansetzenden Ästen, die im Notfall das Erklettern erleichtern, und einer ausladenden Krone, die auch in glühender Mittagshitze Schatten spendet, spricht viele von uns instinktiv an. Es gibt nicht wenige Fotografen, die auf der Suche nach derartigen Schönheiten jahrein, jahraus durch die Natur ziehen, und sieht man sich die Prachtexemplare in Büchern oder Monatskalendern genauer an, so erkennt man, dass sie fast alle diesem archaischen Schönheitsideal entsprechen.

Überhaupt die Natur: Dass die meisten von uns sich über den Anblick von Landschaften, Pflanzen und Tieren mehr freuen als über städtische und technische Szenerien, hat nach Ansicht von Wissenschaftlern ebenfalls mit unseren urzeitlichen Wurzeln zu tun. Der Evolutionstheoretiker und Soziobiologe Edward Wilson prägte für dieses Phänomen die Bezeichnung »Biophilie«, was so viel bedeutet wie »Vorliebe für Lebendiges«. In seinen Schriften legt er dar, dass sich der Mensch aufgrund einer tiefen Neigung zu anderen Lebewesen hingezogen fühlt und von nahezu unstillbarem Drang erfüllt ist, Wildnis zu erleben. Und der englische Physiker und Bestsellerautor John D. Barrow vertritt in seinem Buch »Der kosmische Schnitt – Die Naturgesetze des Ästhetischen« die Ansicht, dass uns aufgrund unserer urzeitlichen Abstammung besonders savannenähnliche Landschaften wie diejenigen zusagen, in denen die ersten Menschen lebten. In dem nur locker bewachsenen, relativ übersichtlichen Gelände waren sie gut vor Feinden geschützt und konnten sich ausreichend mit Nahrung versorgen, die zudem an nur ein bis zwei Meter hohen Bäumen und nicht, wie im Wald, hoch oben außerhalb ihrer Reichweite gedieh. Zudem bot der Bewuchs gute Versteckmöglichkeiten und schützte so vor überraschenden Angriffen wilder Tiere oder fremder Horden.

Versuche, bei denen Psychologen Kinder unterschiedlichen Alters Bilder verschiedener Landschaftsformen vorlegten, brachten dasselbe Ergebnis: Je kleiner und unerfahrener die Kinder waren, je mehr sie sich also allein von ihrem instinktiven Gefühl leiten ließen, desto besser gefielen ihnen savannenartige Geländeformen mit lockerem Busch- und Baumbestand. Uns Menschen scheint demnach eine Vorliebe für die Savanne angeboren zu sein, die mit zunehmendem Alter allerdings durch die Bekanntschaft mit anderen Geländeformen beeinflusst wird. Hierzu passt, dass wir mehrheitlich am liebsten in einem Haus im Grünen wohnen – mit Kinderzimmern, die aus einem ursprünglichen Sicherheits- und Schutzbedürfnis heraus im Obergeschoss liegen – und dass wir, wenn wir uns erholen wollen, nicht etwa durch die Fußgängerzone einer Großstadt, sondern viel lieber durch Wald und Flur spazieren. Wir statten unsere Wohnungen mit Zimmerpflanzen – urzeitlichen Indikatoren für fruchtbaren Boden und gutes Nahrungsangebot – aus, obwohl diese ständiger, intensiver Pflege bedürfen, und nehmen um des Erlebnisses willen bereitwillig in Kauf, dass die Wespen uns beim Picknick im Grünen die Marmelade vom Brot stehlen. In Zoos vergnügen wir uns am Anblick allerlei Getiers und bezeichnen Hunde und andere Haustiere schwärmerisch als unsere besten Freunde.

GELIEBTE VIERBEINER

Ja, die Hunde. Schon in der Altsteinzeit haben sie die Menschen begleitet, und in den Gräbern vieler uralter Kulturen fand man Spuren von ihnen und anderen Tieren. Tiere spielten seit jeher in Religion und Mythen eine wichtige Rolle, sie wurden hoch geachtet und in Höhlengemälden und Plastiken verewigt. Besonders eng wurde die Beziehung, als der Homo sapiens vor 10 000 Jahren sesshaft wurde und sich anschickte, Wildtiere als Arbeits-, Nutz- und Haustiere zu zähmen. Nach den Hunden waren es Ziegen, Schafe, Rinder und Schweine, die eng mit unseren Urahnen zusammenlebten, später kamen Pferde, Hühner und zahlreiche andere Haustiere hinzu. Vorgänger der Inkas im heutigen Peru domestizierten Lamas, und in Indien zähmte man bereits vor 2500 Jahren Elefanten.

In seinem autobiografischen Werk »Der Wert der Vielfalt« schreibt Edward Wilson zum Verhältnis zwischen Mensch und Natur: »Meine drei Kernthesen lauten: Erstens – der Mensch ist letztlich das Produkt der biologischen Evolution. Zweitens – die biologische Vielfalt ist die Wiege und das bedeutendste Naturerbe der Menschheit. Drittens – Philosophie und Religion ergeben wenig Sinn, wenn sie die ersten beiden Thesen nicht berücksichtigen.« Allerdings ist zu Wilsons Theorie kritisch anzumerken, dass die Biophilie bei vielen Menschen rasch an ihre Grenzen stößt, wenn Geschöpfe ins Spiel kommen, die man kaum als Haustiere bezeichnen kann. Gewiss können die meisten von uns sich mit Hunden, Katzen und Vögeln, ja, selbst mit Pferden, Kühen und Schweinen anfreunden, die Zuneigung findet jedoch schnell ein Ende, wenn es um Spinnen, Schlangen, Wanzen und Ratten geht. Zu denen fühlt sich so gut wie niemand hingezogen, ja nicht wenige empfinden vor diesen Kreaturen eine fast unüberwindliche Scheu, die sich – wie wir noch sehen werden – zu einer regelrechten Phobie auswachsen kann.

FLUSSLANDSCHAFTEN

Keinen Zweifel gibt es jedoch daran, dass viele Menschen sich nicht nur gern im Grünen, sondern mit besonderer Vorliebe am Wasser aufhalten. Dabei geht es gar nicht in erster Linie ums Schwimmen, wie man leicht erkennen kann, wenn man ein Strandbad besucht und die Zahl der Menschen im tiefen Wasser mit derjenigen vergleicht, die sich außerhalb aufhalten oder allenfalls im seichten Uferbereich herumwaten. Auch dieses Verhalten geht nach Ansicht von Evolutionsforschern auf unser urzeitliches Erbe zurück. »Wir Menschen sind keine Schwimmer, wir sind Ufergucker«, sagt dazu Professor Carsten Niemitz, Leiter des Anthropologie-Instituts der Freien Universität Berlin. Einer Studie seines – am Wannsee gelegenen – Instituts zufolge verbringen erwachsene Badegäste 90 Prozent der Zeit außerhalb des Wassers. Nur zwei Prozent der Zeit schwimmen sie, und weitere sechs Prozent stehen oder stelzen sie im knietiefen Wasser umher. »Das Sammeln von Fröschen und Schnecken im seichten Wasser ist das, was schon unsere Vorgänger taten«, erklärt Niemitz. »Nur hier fanden sie nämlich das ganze Jahr über, also auch in der Trockenzeit, ein reiches Angebot an tierischem Protein.«

Seiner Theorie zufolge haben die nahrungsreichen Ufergewässer sogar eine fundamentale Bedeutung für die Entwicklung des aufrechten Gangs. »Lässt man das Wasser aus dem Spiel, gab es für vierfüßige Affen keinen triftigen Grund, nicht nur aufzustehen, sondern auch stehenzubleiben. Um Früchte von einem Ast zu pflücken, muss man sich vielleicht strecken, man muss aber nicht gehen«, begründet er seine Auffassung und widerspricht damit den gängigen Erklärungen, die das Leben in der Savanne, den Werkzeuggebrauch, das Imponiergehabe und das Spähverhalten für unsere aufrechte Haltung verantwortlich machen. Nur im Wasser sei der komplizierte Übergang von der vier- zur zweibeinigen Fortbewegung möglich gewesen, denn dort seien anfängliche Veränderungen des Körperbaus im wahrsten Sinne des Wortes nicht so sehr ins Gewicht gefallen wie auf dem Land. Viskosität und Auftrieb des Wassers hätten die Gelenke der ersten Aufrechtgeher geschont und dazu noch so manchen leichten Sturz abgefangen, wenn sie auf glitschigem Fels ausgerutscht seien. Während sie unbeholfen durch Flachwasser gewatet seien, habe die Evolution ganz allmählich ihre Hinterbeine verlängert sowie Skelett, Muskeln und Blutversorgung angepasst.

Niemitz hat Umfragen durchgeführt, welche Umgebung Erwachsene – die im Gegensatz zu kleinen Kindern über reichliche Erfahrungen verfügen – besonders idyllisch finden. »Es gibt eine eindeutige Priorität für Uferlandschaften«, fasst er das Ergebnis zusammen. »Dort fühlen sich Menschen so wohl, dass sie bereit sind, große Summen für ein Ufergrundstück zu zahlen. Den größten Anklang findet jedoch eine Szene am Waldrand mit Blick über Wiesen zum Wasser hin. Und das ist kein Wunder, denn diese Kombination entspricht sozusagen der artgerechten Umwelt des Urmenschen, der im Wald Rückendeckung fand und auf der offenen Wiese und im Wasser Beute machen konnte.«

IRRUNGEN UND WIRRUNGEN

Doch so weit ist es mit dem Vertrauen zum Wald bei den meisten modernen Menschen nicht her. Denn obwohl uns vollkommen klar ist, dass die Zeiten längst vorbei sind, in denen Wölfe und Bären auf der Suche nach fleischlicher Nahrung durch unsere Wälder streiften und dabei zur Not auch einen Menschen nicht verschmähten, beschleicht viele Zeitgenossen im Wald ein mulmiges Gefühl – eine Urangst, die sich weder an bestimmten Bedrohungen festmachen noch mit rationalen Argumenten bekämpfen lässt. Wir wissen, dass Wildschweine – die einzigen potenziell gefährlichen Kreaturen in unseren Wäldern – außerordentlich scheu sind und die Begegnung mit uns Menschen unter allen Umständen zu vermeiden trachten und dass daher das Risiko, von einem wütenden Keiler oder einer ihre Jungen beschützenden Muttersau angegriffen oder gar verletzt zu werden, extrem gering ist; und dennoch fühlen wir uns im düsteren Wald unwillkürlich bedroht.

Auch Mädchen und Frauen, die von klein auf vor Triebtätern gewarnt werden und denen Eltern und Lehrer unermüdlich einschärfen, düstere Gegenden nicht ohne Begleitung zu durchqueren, müssten sich eigentlich sagen, dass ein potenzieller Vergewaltiger sicher nicht im Wald, entfernt von jeder menschlichen Ansiedlung, sondern weit eher in einem Stadtpark lauern wird, wo er eine realistische Chance hat, auf ein Opfer zu treffen. Dennoch erscheint fast allen Frauen und sogar der Mehrzahl der Männer der einsame Wald viel bedrohlicher als ein von Menschen spärlich bevölkerter Park, und die Angst davor steigert sich nicht selten zu einer regelrechten Panik, wenn die Dämmerung hereinbricht und die Bäume mit ihren Schatten zu einem diffusen Grau verschmelzen. Sicher, die Gefahr, im Wald die Orientierung zu verlieren und nicht mehr herauszufinden, ist bei Dunkelheit nicht von der Hand zu weisen. Aber eine vernünftige Erklärung, warum viele Zeitgenossen schon beim bloßen Gedanken an ein solches Ereignis in Panik geraten, liefert sie allein schon deshalb nicht, weil es im Wald auch in der Dunkelheit nichts gibt, was für einen Menschen eine ernstzunehmende Gefahr darstellen könnte.

Nicht wenige vermeiden es deshalb strikt, allein durch einen Wald zu gehen; sie tun dies allenfalls inmitten einer Gruppe, etwa beim Pilz- oder Beerensammeln. Und selbst dann verwenden sie noch den größten Teil ihrer Aufmerksamkeit darauf, bloß nicht den Anschluss an die Gefährten zu verpassen, und sind ängstlich darauf bedacht, ständig in Sicht- oder zumindest Rufweite zu bleiben. Schließlich verfügt jedes zusätzliche Gruppenmitglied über ein paar Augen und Ohren mehr, mit denen es allfällige Gefahren wahrnehmen kann. Wer auf der konzentrierten Suche nach Pilzen beim Hochblicken vom Boden plötzlich erkennt, dass er allein ist, wer die Geborgenheit des ziehenden Menschenrudels nicht mehr spürt, verliert rasch jedes Selbstvertrauen. Zuerst blickt er sich suchend um, und wenn er niemanden entdeckt, beginnt er unweigerlich zu rufen: »Hallo! Hallo!« Kurze Pause, ängstlicher Blick in die Umgebung. Dann noch einmal: »Hallo! Wo seid ihr denn?« Wie ein Entenküken, das seine Mutter verloren hat.

Allein schon das Wort »verloren«. Nicht umsonst benutzen wir es in zwei unterschiedlichen Bedeutungen, die durch das gemeinsame Merkmal der Gefahr zueinander in Beziehung stehen. Wer im Wald von einer Gruppe abgekommen ist, hat die anderen verloren, was, wie bereits erwähnt, heute eigentlich nicht mehr schlimm ist. Zu Zeiten unserer steinzeitlichen Vorfahren war ein Verirrter, dem die anderen nicht mehr beistehen konnten, jedoch nicht selten tatsächlich verloren. Verloren war, wem die Kameraden abhanden gekommen waren; ihm drohte der Tod.

Aus dieser Zeit stammt nach Ansicht des Psychologen und Paläoanthropologen Rudolf Bilz auch die Melodie des in einer derartigen Situation verwendeten Notrufs: eine Terz, die an den Ruf eines Kuckucks erinnert. Egal, ob kurze Signale (in der deutschen Sprache etwa »Hallo« oder »Huhu«) oder längere Rufe (»Wo seid ihr denn?« oder »Wartet doch!«) – ohne lange nachzudenken, verwenden wir eine archaische Tonfolge, die laut Bilz das tief in uns verankerte akustische Bindeglied eines sich auflösenden Verbandes darstellt. Wer Hilfe benötigt, bedient sich unbewusst einer Melodie, die vermutlich

72 ANGST UND SCHRECKEN

schon bei unseren Vorfahren die Alarmglocken schrillen ließ und die sich seit Urzeiten in unserem Instinktrepertoire für Notfälle erhalten hat.

VON SPINNEN UND ANDEREM GETIER

Doch kommen wir noch einmal auf die weit verbreitete Angst vor bestimmten Tieren zurück – eine Angst, der mit rationalen Argumenten nur schwer beizukommen ist. Denn wenn schon Marder, Füchse und Wildschweine für uns keine Gefahr darstellen, dann tun dies Mäuse und Spinnen, ja selbst Ratten und die bei uns heimischen Schlangenarten noch viel weniger. Und dennoch graust es einige – laut Umfragen in Deutschland immerhin mehr als jeden Dritten – derart vor solchem Getier, dass ihnen allein schon der Gedanke an eine über die Füße huschende Maus oder den Pullover hochkletternde Spinne eiskalte Schauer über den Rücken jagt. Wie einst Ugur schrecken die Betroffenen zusammen, wenn es irgendwo knistert, raschelt oder flattert, und wenn ihnen ein harmloser Käfer über die Hand krabbelt, stoßen sie einen gellenden Schrei aus, als hätten sie dem leibhaftigen Tod ins Gesicht gesehen. Seit jeher macht sich die Kriegspropaganda diesen Effekt zunutze, indem sie Feinde als Kröten und Ratten bezeichnet; und hier liegt wohl auch der tiefere Grund, warum die lichtscheuen Kakerlaken in der Schweiz »Schwabenkäfer«, in Westdeutschland »Franzosen«, in Ostdeutschland »Russen« und in Frankreich »Preußen« heißen.

Erstaunlicherweise haben Wissenschaftler herausgefunden, dass die vollkommen überzogenen Ängste in Ländern, in denen es tatsächlich giftige Kreaturen gibt, keinesfalls häufiger sind als bei uns, oder, anders ausgedrückt: Solche Phobien treten unabhängig vom wahren Ausmaß der Gefahr auf. In Urzeiten war es mit Sicherheit lebensnotwendig, vor beißenden, stechenden oder kratzenden Insekten, vor Spinnen, Nagern und Schlangen unablässig auf der Hut zu sein. Schon eine einzige Sekunde der Unachtsamkeit konnte den sicheren Tod bedeuten. So verwundert es im Grunde nicht, dass die Angst vor derlei Bedrohungen fest in unserem Erbgut verankert ist, während neuzeitliche Gefahren vielfach noch keine Zeit hatten, sich mit vergleichbarer Intensität einzunisten. Wie anders ist es zu erklären, dass mancher gestandene Mann ohne einen einzigen zusätzlichen Pulsschlag mit 200 Stundenkilometern über die Autobahn rast, beim unvermuteten Auftauchen einer ganz und gar ungefährlichen Kreuzspinne aber vor Angst zu schlottern beginnt? Und dass einem anderen am ganzen Körper der Schweiß ausbricht, wenn man ihn auffordert, eine vollkommen harmlose Blindschleiche in die Hand zu nehmen, während er ohne Skrupel mit einem pfundschweren Silvesterböller hantiert, der ihm schlimmste Verbrennungen zufügen kann?

Höchst aufschlussreich ist in diesem Zusammenhang ein Versuch, mit dem der Psychologe Arne Ohmann und seine Kollegen vom Karolinska Institute and Hospital in Stockholm überprüfen wollten, wie tief derartige Ängste in uns stecken, und über dessen Ergebnis sie im renommierten Fachblatt *Journal of Experimental Psychology* berichtet haben. Sie legten Studenten Bilder vor und forderten sie auf, darauf nach furchteinflößenden Spinnen und Schlangen zu suchen. Dabei galt es in einer ersten Versuchsreihe, einzelne Tiere inmitten eines Gewirrs harmloser Pflanzen, Pilze und Blumen zu entdecken, während die Probanden im zweiten Durchgang bestimmte Pflanzen in einem Durcheinander von Schlangen und Spinnen finden sollten.

Mehr als deutlich machte sich das Erbe unserer Ahnen bemerkbar: Fast allen Studenten sprangen die sie beängstigenden Tiere geradezu in die Augen, und das selbst dann, wenn diese sich ganz am Rand des Bildes, verborgen zwischen allerlei Grünzeug, befanden. Je mehr Angst die Probanden nach eigenen Angaben vor Spinnen, Mäusen und Schlangen hatten, desto schneller entdeckten sie sie; oft geschah dies geradezu automatisch, ohne dass sie eigens danach suchen mussten. Bei den Bildern, in denen zwischen bedrohlichem Getier einige wenige Pflanzen versteckt waren, spielte es dagegen sehr wohl eine Rolle, wo sich diese befanden, und vielfach wurden sie erst nach wiederholtem Durchmustern erkannt.

Die Forscher schließen daraus, dass wir genetisch darauf programmiert sind, Dinge, von denen möglicherweise eine Gefahr ausgeht, gleichsam automatisch wahrzunehmen, ohne dass wir uns dazu besonders anstrengen müssten. Je mehr uns vor derartigen Kreaturen graut, desto empfindlicher reagieren wir auf ihr Erscheinen. Offenbar ist der Mechanismus, der einstmals dazu diente, unseren Vorfahren das Überleben zu sichern, noch heute dafür verantwortlich, dass ein Spinnenphobiker einen haarigen Achtbeiner sofort und selbst dann entdeckt, wenn er sich in einer kaum einsehbaren Zimmerecke verbirgt, wo er weniger sensiblen Personen vollkommen verborgen bleibt.

BLUT – EIN BESONDERER SAFT

Doch es sind mitnichten nur Tiere, die betroffenen Zeitgenossen eine unüberwindliche Furcht einjagen; vielmehr haben offensichtlich auch andere Phobien bis hin zu regelrechten Panikattacken ihren Ursprung in unserem evolutionären Erbe. Nehmen wir als Beispiel das weit verbreitete Phänomen, dass Menschen Übelkeit empfinden oder gar in Ohnmacht fallen, wenn sie Blut sehen, und zwar schon bei Mengen, von denen sie genau wissen, dass der Verlust für sie (oder die verletzte Person) keinerlei Gefahr bedeutet. Das geht keineswegs nur besonders feinfühligen Zeitgenossen so, sondern auch Männern und Frauen, die sonst durchaus seelisch robust sind und denen vollkommen klar ist, dass es sich bei Blut um nichts anderes handelt als um eine zähe, rote Flüssigkeit, die überall in ihrem Körper herumfließt und ohne die sie nicht leben könnten. Doch während ihnen Lack derselben Farbe nicht das Geringste ausmacht, lässt der Anblick von Blut ihre Knie schlottern und löst in ihnen einen unüberwindlichen Brechreiz aus. Da dieses merkwürdige Phänomen bei den Betroffenen oft mit einem deutlichen Absacken desjenigen Drucks verbunden ist, der eben diese Flüssigkeit durch die Adern treibt, vermuten Evolutionsmediziner dahinter einen urzeitlichen Schutzmechanismus gegen einen lebensbedrohlichen Blutverlust.

URÄNGSTE

Daneben verdanken wir unseren Vorfahren noch eine Reihe weiterer Angstzustände, unter denen viel mehr Menschen leiden, als man gemeinhin vermutet. Wem es beispielsweise ein Gräuel ist, größere Plätze zu überschreiten – ein Krankheitsbild, das man als »Platzangst« oder »Agoraphobie« bezeichnet –, verdankt diese Furcht mit großer Wahrscheinlichkeit dem tief verwurzelten Gefühl, für etwaige Feinde mangels Versteckmöglichkeiten ein leichtes Opfer zu sein. Und wer allein schon beim Gedanken an eine Aufzugskabine oder den Aufenthalt in einem anderen engen Raum Schweißausbrüche und wacklige Beine bekommt, wer also unter »Raumangst« oder »Klaustrophobie« leidet, dem graut unbewusst davor, bei einem möglichen Angriff in der Falle zu stecken und nicht ausreißen zu können.

Ein ähnliches Phänomen ist die Höhenangst, die Betroffene auch dann mit unwiderstehlicher Wucht erfasst, wenn sie – beispielsweise auf dem geländergesicherten Plateau eines hohen Turms – nicht im Geringsten befürchten müssen hinunterzufallen. Wie tief diese Urangst in uns steckt, zeigt sich an Babys, die in der Regel nur mit äußerster Vorsicht an den Rand eines Tisches krabbeln, obwohl sie noch nie abgestürzt sind, ja im Grunde gar nicht wissen können, dass ihnen diese Gefahr droht.

In dieselbe Schublade scheint die Flugangst zu gehören. Scharen bedauernswerter Zeitgenossen hält sie davon ab, ein Flugzeug zu betreten, und verwehrt ihnen damit eine Vielfalt reizvoller Möglichkeiten, für deren Wahrnehmung es darauf ankommt, in kurzer Zeit große Strecken zu überwinden. Noch schlimmer trifft diese Phobie diejenigen, die beruflich auf das Flugzeug als Verkehrsmittel angewiesen sind und bei jeder Reise Höllenqualen ausstehen. Für unsere steinzeitlichen Urahnen bedeutete große Höhe eben stets das Risiko abzustürzen, weshalb sie, wo immer möglich, den Aufenthalt im Flachland vorzogen.

Es gab also eine ganze Menge Ereignisse und Dinge, vor denen unsere Vorfahren Grund hatten sich zu fürchten. Diese Urängste hat die Evolution so tief in uns eingegraben, dass wir sie mit logischen Argumenten nicht so einfach abschütteln können; die von ihnen ausgelöste Stressreaktion läuft daher gleichsam automatisch ab. Verhaltensforscher haben herausgefunden, dass es wesentlich schwieriger ist, Affen die Angst vor natürlichen Feinden, beispielsweise einer Schlange, zu nehmen, als ihnen die Furcht vor einem Gewehr abzutrainieren. Selbst ein auf dem Boden liegender Gartenschlauch oder ein Rohr lässt sie instinktiv zurückschrecken und in verängstigtes Geheul ausbrechen.

Deshalb verzweifeln Eltern an ihren kleinen Kindern, die bedenkenlos auf eine vielbefahrene Straße springen oder mit einer Gabel in einer Steckdose herumstochern, während sie vor großen Hunden oder Spinnen schreiend davonlaufen und eine Heidenangst vor dunklen Kellern haben. Es gehört keine große Fantasie dazu, sich vorzustellen, dass mächtige Raubtiere, giftige Spinnen und finstere Höhlen unseren Altvorderen – aus gutem Grund – Angst eingejagt haben. Dagegen existieren Hauptverkehrsstraßen und Steckdosen bei weitem noch nicht lange genug, um einen Evolutionsdruck auf unser Verhalten und eine dadurch bedingte genetische Anpassungsreaktion auszulösen.

BLITZ UND DONNER

Eine ganz besondere Ausprägungsform tief verwurzelter Ängste ist die Panik bei einem Gewitter, die bei manchen Zeitgenossen regelrecht groteske Züge annimmt. Zweifellos ist die Befürchtung, vom Blitz erschlagen zu werden, auch heute noch in bestimmten Situationen angebracht, etwa wenn jemand von einem Gewitter überrascht wird, während er beispielsweise das trockengefallene Watt oder eine kahle Hochebene durchquert, wo er in weitem Umkreis den höchsten Punkt darstellt. Doch in der Regel sind wir in unseren Häusern vor der Unbill eines Gewitters bestens geschützt und könnten das Spektakel mit seinen vielfältigen, immer wieder neu arrangierten Licht- und Schalleffekten wie ein grandioses Feuerwerk genießen, ohne uns im Geringsten um unsere Gesundheit oder unser Hab und Gut sorgen zu müssen.

Die Meteorologen sind sich heute weitgehend im Klaren, wie ein Gewitter entsteht und warum es dabei kracht und blitzt, und dennoch hat sich in vielen von uns – bewusst oder unbewusst – die Überzeugung gehalten, der Aufruhr am Himmel sei Ausdruck des Zorns eines höheren Wesens, das wie einst Zeus in der griechischen Mythologie vom Olymp herab Blitze auf seine Untertanen schleudert. Doch nicht nur derartige Befürchtungen waren es wohl, die unseren steinzeitlichen Vorfahren beim Donnergrollen Schauer des Grauens über den Rücken jagten, sondern auch die durchaus realistische Gefahr eines sich rasend schnell ausbreitenden Buschfeuers, das alles – Mensch, Tier, Behausung und Ausrüstung – in unermesslicher Gier verschlingen konnte. Möglichkeiten, einen Brand unter Kontrolle zu bringen, gab es noch nicht; deshalb ist es mehr als verständlich, dass Ugur und seine Kameraden vor Angst schlotterten, wenn blitzendes Getöse den Himmel zerriss.

JETLAG

Noch einmal kurz zum Thema Flugreisen, die uns ja oft innerhalb weniger Stunden in weit entfernte Zeitzonen bringen: Nur mit größter Mühe kann sich unser noch immer auf urzeitliche Bedingungen programmierter Körper an eine plötzliche Umstellung der inneren Uhr gewöhnen. Wir sind genetisch an eine 24-Stunden-Zeitperiodik – Biologen und Mediziner sprechen von »zirkadianem Rhythmus« – angepasst und keinesfalls daran, binnen kürzester Frist mehrere Zeitzonen zu durcheilen. Der täglich wiederkehrende Zeitablauf wird von Hormonen gesteuert, deren Ausschüttung von unseren Genen überwacht, aber in geringem Ausmaß auch vom Hell-Dunkel-Rhythmus beeinflusst wird. Allenfalls um eine Stunde lassen sich die Zeiger unserer inneren Uhr pro Tag verstellen, und selbst das bereitet vielen Zeitgenossen bereits erhebliche Probleme, wie sich bei der zweimal jährlich erforderlichen Umstellung von Winter- auf Sommerzeit und umgekehrt zeigt.

Der Taktgeber, der uns den Tagesablauf vorschreibt, funktioniert, wie viele Experimente bewiesen haben, sogar dann noch, wenn wir uns vollkommen von äußeren Einflüssen abschotten. Wer beispielsweise in einer künstlich beleuchteten Höhle lebt, in der er weder am Tageslicht noch anhand irgendwelcher Geräusche erkennen kann, wie spät es gerade ist, behält den 24-Stunden-Rhythmus trotzdem erstaunlich lange bei. Deshalb spielt unser von der Evolution geprägter innerer Chronometer verrückt, wenn wir gezwungen sind, uns einem ständig wechselnden Lebensrhythmus anzupassen, wie er beispielsweise für Schichtarbeiter typisch ist. Nicht selten leiden diese bedauernswerten Menschen unter massiven Schlafstörungen, Kopfschmerzen und seelischer Verstimmung und sind auch sonst überdurchschnittlich oft krank. Beobachtungen an Tieren legen sogar die Vermutung nahe, dass ein ständiger unregelmäßiger Daseinsrhythmus das Leben um mehrere Jahre verkürzt.

WAFFENNARREN

Weil sie ständig damit rechneten, sich verteidigen zu müssen, verließen die Steinzeitmänner das halbwegs sichere Lager, wann immer möglich, nicht ohne ihre Waffen. Anfangs waren das einfache Speere, später komplexe Lanzen und schließlich – ein gewaltiger Fortschritt – Pfeil und Bogen. Der geschickte Umgang mit Waffen entschied bei unseren Jäger- und Sammlervorfahren nicht selten über Leben und Tod, denn schließlich war ihre gekonnte Handhabung entscheidend, wenn es galt, Tiere zu erlegen, um nicht zu verhungern, aber auch, wenn Angriffe feindlicher Sippen abzuwehren waren. Waffen bedeuteten Überleben, und Überleben ist im Sinne der Evolution die entscheidende Voraussetzung zur Weitergabe der Gene an nachfolgende Generationen. Sind wir heute auch nicht mehr auf den Waffeneinsatz zur Beschaffung tierischer Nahrung angewiesen, so scheint doch gerade dieses Sicherheitsbedürfnis noch so manchem Mann zu eigen zu sein. Wie anders ist es zu erklären, dass viele Herren der Schöpfung noch immer ein geradezu intimes Verhältnis zu Waffen haben, dass sie nur deshalb Mitglied in einem Schützenverein werden, um legal Gewehre, Revolver oder Pistolen erwerben zu können, oder dass Jäger mehr als zehn Büchsen und Flinten besitzen, obwohl sie davon nur zwei oder drei benötigen?

Neben Feuerwaffen sind auch Schreckschusspistolen, Messer aller Art, Schleudern und exotische Dolche sehr beliebt. Sie werden gesammelt, in eigens dafür angeschafften Schränken aufbewahrt oder sogar hinter dem blank geputzten Glas kostbarer Vitrinen den staunenden Gästen zur Schau gestellt. Vor den Fenstern der Waffengeschäfte sieht man fast nur Männer, die mit sehnsuchtsvollen Blicken die angebotenen Artikel betrachten und vielleicht unbewusst bedauern, dass sie in unserer heutigen, bis ins kleinste Detail durchorganisierten und regulierten Wohlstandsgesellschaft nicht mehr wie ihre steinzeitlichen Vorfahren mit Waffen behängt durch die Gegend flanieren und ihre Mitmenschen beeindrucken dürfen.

So mächtig ist das männliche Verlangen nach Gewehren, Revolvern und Pistolen, dass Erwerb und Besitz von Feuerwaffen in den meisten Ländern durch strenge Gesetze eingeschränkt worden sind. Auch wenn uns schon lange keine wilden Tiere oder feindlichen Sippen mehr bedrohen, gibt der Besitz abschreckender Waffen vielen Männern ein archaisches Gefühl von Sicherheit. Das zeigt sich besonders in den USA, einem Land, in dem die Freiheit traditionell einen besonders hohen Stellenwert hat: Dort sind – vollkommen legal – schätzungsweise mehr als 100 Millionen Feuerwaffen in privatem Besitz.

NERVENKITZEL UND ACTION

Einen Augenblick bannt der Schreck Ugur an seinen Platz, dann schüttelt er die lähmende Starrheit ab und stürmt voran. Stürmt auf das Mammut mit dem zottigen, braunen Fell los, das ihm seine Rückseite zuwendet und ihn offenbar noch gar nicht bemerkt hat. Fest umfassen die Hände des Jägers den Schaft des Speeres, und entschlossen holt er aus, um die scharfe Steinspitze tief in das Fleisch, in das Leben des Tieres zu rammen. Aus den Augenwinkeln beobachtet er, wie auch Ruki an der Spitze eines Trupps von drei, vier Männern mit zum tödlichen Stoß erhobenen Lanzen heraneilt.

Doch so schnell gibt der Gigant nicht auf. Mit einer einzigen, blitzschnellen Bewegung wirft er sich herum, stiert Ugur aus seinen bösen, kleinen Augen kurz an und stößt ein warnendes Trompeten von solcher Lautstärke aus, dass die Jäger erschrocken zusammenfahren und unwillkürlich einige Schritte zurückweichen. Diese zwei, drei Sekunden der Unentschlossenheit nutzt das Mammut aus, um wie eine Dampfwalze durch die Kette der Feinde zu brechen und in Richtung auf den reißenden Bach in der Mitte des Tales davonzustürmen. Die Lanze, die der Unerschrockenste der Männer ihm beim Vorbeistürzen in die Seite rammt, scheint es überhaupt nicht wahrzunehmen. Für wenige Augenblicke sind Ugur und die Jäger wie gelähmt, dann nehmen sie die Verfolgung auf. Das Mammut ist zu Tode erschöpft, das ist ihnen trotz des gewaltsamen Durchbruchs nicht verborgen geblieben. Das Tier wird bald langsamer werden, darin liegt ihre Chance. Brüllend rennen sie hinterher, und brüllend stürzen sie sich hinter dem Riesen in die Fluten des reißenden Gebirgsbaches.

Eine wuchtige Welle, wohl von dem fliehenden Koloss verursacht, reißt Ugur von den Beinen, und auch einige seiner Gefährten stürzen der Länge nach in die Fluten. Als sie sich wieder aufgerappelt haben, bemerken sie, dass das Mammut vor ihnen stutzt und sich verwirrt umblickt. Im selben Moment erkennen sie die Ursache für das merkwürdige Verhalten: Von vorne, dem Giganten entgegen, nähern sich Krieger, die weiter talauswärts gestanden haben. Sechs Männer, die Speere zum letzten, entscheidenden Kampf in die Höhe gereckt und laut grölend, um das Tier in vollkommene Panik zu versetzen, stürmen durch die Strudel des Wildwassers auf das Mammut zu. Es verharrt noch immer, offenbar unschlüssig, was es tun, wie es dem Todesstoß entgehen soll. Schon schleudert der vorderste der heraneilenden Jäger seine Lanze mit aller Kraft in Richtung des Tieres. Krachend durchbricht das Geschoss das dicke Fell, dann geht es Schlag auf Schlag: Ein Speer nach dem anderen bohrt sich dem Riesen in die Flanken, Blut spritzt, das Mammut kreischt in Todesnot. Rasend vor Wut und Schmerz dreht es sich im Kreis und brüllt sich die letzte Kraft aus dem Leib.

Während sich das Wasser des Baches tiefrot färbt, während der Rüssel des Mammuts wie eine gigantische Peitsche nach den Peinigern drischt und das tiefe Grollen des Tieres in pfeifendes Keuchen übergeht, kommen jetzt von beiden Seiten des Tales weitere Männer herbeigerannt und treiben ihre Lanzen mit den messerscharfen Feuersteinspitzen in das schwer verwundete Tier. Noch einmal bäumt sich der Koloss auf, noch einmal stößt er einen Schrei aus, der das Blut der Männer gefrieren lässt, dann spritzt aus seinem Rüssel eine rote Fontäne auf die Jäger herab. Fast gleichzeitig knicken die Beine des Giganten ein, und krachend schlägt er der Länge nach in das gurgelnde Wasser des Flusses. Noch ein letztes, röchelndes Trompeten, noch zwei, drei verzweifelte Zuckungen des massigen Körpers, dann ist es vorbei.

Das Mammut, hinter dem die Männer mehr als eine Woche her waren, ist endlich tot.

JAGDFIEBER

Derartige Jagden, die den Beteiligten körperlich das Letzte abverlangen, gibt es heutzutage allenfalls noch in extrem unwirtlichen Gebieten Sibiriens, Nordkanadas oder Afrikas. Doch auch in unseren Breiten, in den Wäldern und Feldern unseres Wohlfahrtsstaates, erliegen viele Männer nach wie vor der Faszination der Jagd. Sie harren in klirrend kalten Winternächten auf zugigen Hochsitzen aus, um vielleicht einen einzigen Fuchs zu erlegen, oder stehen sich bei Treibjagden die eisigen Beine in den Bauch, um, wenn sie Glück haben, einen flüchtigen Hasen, ein Reh oder – für viele das absolut Höchste – eine kapitale Wildsau niederzustrecken. Nicht wenige geben für die Möglichkeit zu jagen ein kleines Vermögen aus und opfern zudem einen Großteil ihrer Zeit der Pflege des Reviers, dem Bau von Hochsitzen und dem Beschicken von Fütterungen im Winter. Und das, obwohl vielfach weder sie selbst noch ihre Angehörigen Reh- und Hasenfleisch essen und die erlegten Tiere nur mit Mühe zu einem halbwegs kostendeckenden Preis an den Mann zu bringen sind.

In der Tat sind es zum weitaus überwiegenden Teil die Herren der Schöpfung, die die Jagd als aufwändiges Hobby betreiben; der Anteil der Frauen beträgt, je nach Region, gerade mal zwei bis sechs Prozent. Was ist es, das auf Männer eine derartige Faszination ausübt, dass sie mitten in der Nacht aus dem Bett steigen, sich in grüne Klamotten zwängen, und, das Gewehr geschultert, Richtung Wald eilen? Dass sie bei völliger Dunkelheit eine Kanzel erklimmen und darauf hoffen, es möge sich ein kapitaler Rehbock zeigen, den sie erlegen können, um anschließend sein säuberlich präpariertes Gehörn an die Zimmerwand zu hängen? Nun, hier schlägt unsere steinzeitliche Herkunft besonders mächtig und offensichtlich durch. Für Jäger ist die Jagd

Kampf, Passion und sicher auch Statussymbol; die Gewinnung von Nahrung spielt dabei eine eher untergeordnete Rolle.

Wer sich in der Dämmerung in dichtem Dornengehölz freiwillig das Gesicht verkratzt, wer stundenlang bewegungslos auf einer zugigen Ansitzleiter ausharrt, ohne ein einziges Tier zu Gesicht zu bekommen, und im Winter kilometerweit durch hüfthohen Schnee der Spur eines einzigen Wildschweins folgt, um schließlich doch feststellen zu müssen, dass es längst über alle Berge ist, verhält sich im Grunde noch immer wie ein steinzeitlicher Krieger. Auch wenn er inzwischen Speer oder Pfeil und Bogen gegen ein hochmodernes Jagdgewehr mit verstellbarem, lichtstarkem Zielfernrohr getauscht hat. Das Motiv, das ihn antreibt, ist in der Regel weit weniger der Drang, ein Wildtier zu töten, als vielmehr die archaische Lust am Beobachten, Auflauern und Nachstellen, kurz: am Überlisten der Kreatur. Oder, um es mit den Worten des berühmten europäischen Denkers José Ortega y Gasset zu sagen: »Das Ziel des Jägers ist die Jagd. Er jagt nicht, um zu töten, sondern er tötet, um gejagt zu haben.«

Eine wichtige Rolle spielen zudem der Stolz auf die eigene Geschicklichkeit und nicht zuletzt die Zugehörigkeit zu einer verschworenen Gruppe, in deren Mitte der moderne Jäger sich beim Schein von Fackeln und dem Klang funkelnder Jagdhörner noch immer wie Ugur und seine Kumpanen fühlt. Die Bedeutung dieses Motivs wird durch eine Umfrage der Zeitschrift *Jäger* bestätigt, in der lediglich fünf Prozent der befragten Waidmänner die materielle Nutzung des Wildbestands als Hauptantriebskraft ihres Tuns bezeichnen, während für 76 Prozent »die Freude an der Jagd« und für immerhin 14 Prozent die Geselligkeit im Vordergrund steht.

Dass die Jäger von heute die Natur mit all ihren wechselhaften Erscheinungen zweifellos wesentlich intensiver erleben als die Mehrheit der Zeitgenossen, die nicht wissen, dass ein weibliches Reh etwas anderes ist als eine Hirschkuh, und die einen Hasen nicht von einem Kaninchen unterscheiden können, steigert die Befriedigung am jagdlichen Treiben nicht unwesentlich. Vor allem besorgen sich die modernen Waidmänner – aber in ähnlicher Form auch Angler und

Falkner – beim Überlisten eines Fuchses oder der Pirsch auf einen wuchtigen Keiler den ultimativen emotionalen Kick, für den andere weit höhere Risiken in Kauf zu nehmen bereit sind.

DER ULTIMATIVE KICK

Denn letztendlich ist es gerade diese Herausforderung, das Herantasten an die eigenen Grenzen, die immer wieder neue Überwindung der Angst und die daraus resultierende Genugtuung, es allen anderen und nicht zuletzt sich selbst bewiesen zu haben, wofür etliche von uns in Ermangelung einer echten körperlichen und geistigen Herausforderung eine Menge Zeit und einen nicht unerheblichen Teil ihres Geldes opfern. Wer keine Mammuts mehr durch reißende Gebirgsbäche verfolgen kann, der holt sich seinen Adrenalinstoß eben bei der Jagd auf Reh und Sau oder – weitaus intensiver – beim Free-Climbing, Canyon-Rafting, Tiefseetauchen oder Fallschirmspringen, oder er stürzt sich unter Todesverachtung, nur an einem Bungeeseil hängend, in die Tiefe. Und wer den Thrill ein wenig moderater wünscht, harrt beim Winter-Camping im eisigen Zelt aus oder opfert eine Menge Geld für eine frostige Übernachtung im nordfinnischen Eishotel von Jukkasjärvi.

Der Freizeitforscher Horst Opaschowski erklärt, warum diese Erscheinung bei Jugendlichen so häufig ist: Sie »… haben mehr Angst vor der Langeweile als vor dem Risiko. Und wenn sie bei körperlichen Herausforderungen den ultimativen Kick erleben, haben sie den größten Spaß.« Und in ihrer Diplomarbeit zum Thema »Extremsport – Warum immer mehr Jugendliche den Thrill suchen« schreiben die beiden Verfasserinnen Verena Guggenberger und Elisabeth Schaidreiter: »Aus der Verhaltensforschung wissen wir, dass der Mensch auf Anstrengungen programmiert ist, auf Kampf, Risiko und Gefahr, auf den Einsatz seiner ganzen Kräfte. Wo werden wir heutzutage noch gefordert? Die junge Generation kennt den Begriff des Überlebenskampfes nur noch vom Hörensagen. Also ist es kein Wunder, dass sich viele an ihre eigenen körperlichen Grenzen treiben. Extremsportler wollen sich mit ihren eigenen Ängsten konfrontieren, sie gehen teilweise ganz bewusst auf Angstsuche. Wenn sie diese dann überwunden haben, stellt sich das einmalige Gefühl ein, von dem man so schwer loskommt. Das Gefühl, man sei der Größte, man wächst über sich hinaus.«

Eine andere beliebte Art, sich vor sich selbst zu beweisen, den inneren Schweinehund zu überwinden und so den staunenden Mitmenschen zu demonstrieren, was für ein Kerl man ist, besteht darin, immer höhere Gipfel auf immer schwierigeren Routen zu erklimmen. Wenn in der dünnen Luft eisiger Höhen schon die kleinste Anstrengung zur Tortur wird und jeder Schritt über Leben und Tod entscheidet, erlebt der passionierte Bergsteiger ein vergleichbares Hochgefühl wie einst Ugur mit seinen Jagdkameraden beim letzten Kampf mit dem scheinbar übermächtigen Mammut.

TEMPO, TEMPO!

Doch zu einem solchen Entscheidungskampf kam es in grauer Vorzeit keinesfalls bei jeder Jagd. Nicht selten drehte das verfolgte Tier kurzerhand den Spieß um und ging selbst zum Angriff über, oder es tauchte ein Raubtier auf. Dann hieß es, die Beine in die Hand zu nehmen und so rasch wie möglich das Weite zu suchen. Klar, dass dabei schnelle und ausdauernde Läufer im Vorteil waren. Daher nimmt es nicht wunder, dass noch heute bei Leichtathletik-Wettkämpfen die Laufwettbewerbe eine herausragende Rolle spielen und sich einer weitaus höheren Publikumsgunst erfreuen als beispielsweise Diskuswerfen oder Stabhochsprung. Unbewusst erinnern Sprinter und Langstreckler die Zuschauer an einen steinzeitlichen Jäger, hinter dem ein Säbelzahntiger oder ein Leopard her ist und der nur dann eine Chance hat, der Gefahr zu entrinnen, wenn er so bald wie möglich eine sichere Zuflucht findet.

Dass unsere Vorfahren zwei Millionen Jahre lang darauf angewiesen waren, schnell und ausdauernd zu rennen, um satt zu werden, bevor sie vor knapp 10 000 Jahren zur bequemeren Lebensweise mit Ackerbau und Viehzucht übergingen, steckt uns nach wie vor in den Knochen. Deshalb können kleine Kinder gar nicht gemessen einherschreiten, sondern müssen – als spielerische Übung, ähnlich wie die Spielkämpfe junge Katzen oder Füchse – einfach rennen, und Marathonläufer trainieren wie besessen, als gelte es noch immer, eine imaginäre Gazelle einzuholen oder sich vor einer angreifenden Raubkatze in Sicherheit zu bringen. Es ist daher kein Zufall, dass vor allem die männlichen Nachfahren der Urjäger vom Körperbau her für den Dauerlauf prädestiniert sind. Nicht umsonst sind sie muskulöser als Frauen, haben in ihrer Unterhaut weniger Fett und besitzen mehr Schweißdrüsen, deren verdunstende Ausscheidungen beim Laufen als Kühlmittel wirken.

Anthropologen der Universität von Utah vertreten sogar die Auffassung, dass der Langstreckenlauf unserer Vorfahren eine wichtige Rolle bei der Ausbildung des aufrechten Ganges gespielt hat, dass also im Verlauf der Evolution diejenigen Menschen bevorzugt wurden, deren Körper – angefangen vom Fußgelenk über Knie und Hüfte bis hin zur Kopfstatik – besonders gut für das ausdauernde Laufen geeignet waren. Diese Theorie könnte mithelfen zu erklären, warum so viele Menschen – bei den großen Städtemarathons oft mehrere Zehntausende – in der Lage sind, einen 42-Kilometer-Lauf durchzustehen.

Während Sprinter in puncto Schnelligkeit vielen Tieren nicht das Wasser reichen können – die menschliche Höchstgeschwindigkeit von etwa 36 Stundenkilometern ist gegenüber derjenigen eines Geparden von mehr als 100 geradezu jämmerlich –, sind Langstreckenläufer ihren tierischen Konkurrenten durchaus ebenbürtig und vielfach sogar überlegen. Auf lange Distanzen überholen menschliche Top-Klasse-Läufer sogar Pferde.

Biologen gehen davon aus, dass die Urjäger mit ihrem hohen Dauertempo in der Lage waren, Beutetiere bis zu deren vollständiger Erschöpfung zu verfolgen. Möglich ist aber auch, dass sie deshalb so ausdauernd rannten, weil sie Aasfressern zuvorkommen wollten, die ein totes Tier aufgespürt hatten. »Wenn unsere Ahnen eine Schar Geier am Horizont sahen, mussten sie sich nur dorthin aufmachen«, erklärt der Wissenschaftler Daniel Lieberman von der Harvard-Universität. »Und dann war es gut, wenn sie vor den Hyänen dort waren. Die wenigen Haare, die die Menschen im Vergleich zu ihren tierischen

Konkurrenten hatten, und die Fähigkeit, heftig zu schwitzen, kamen ihnen dabei sehr zugute.«

Lieberman weist zudem darauf hin, dass das ausdauernde Laufen durch die Steppe für die Steinzeitmenschen möglicherweise noch einen anderen positiven Effekt hatte: Es könnte maßgeblich dazu beigetragen haben, ihren Gleichgewichtssinn zu verbessern. Dessen Strukturen im Innenohr sind nämlich beim modernen Menschen und seinen urzeitlichen Vorfahren im Vergleich zu entsprechenden tierischen Organen außergewöhnlich groß. Und ein Merkmal, das seinem Träger anderen gegenüber einen Selektionsvorteil verschafft, wird ja von der Evolution nach und nach perfektioniert. Diejenigen Urmenschen, die infolge ihres besser ausgebildeten Gleichgewichtsorgans schneller laufen konnten, entkamen einem verfolgenden Raubtier eher als ihre weniger gut ausgestatteten Zeitgenossen. Daher vererbten sie ihre Anlagen an mehr Nachkommen, von denen wiederum diejenigen mit dem besten Gleichgewichtssinn ein wenig größere Überlebenschancen hatten und so weiter. Wie dem auch sei, fest steht jedenfalls, dass kein anderer Vertreter der Primaten, zu denen außer uns Menschen noch die Affen gehören, aufgrund ihres Körperbaus befähigt sind, derart ausdauernd mit relativ hoher Geschwindigkeit zu laufen.

Für die steinzeitlichen Männer lohnte es sich durchaus, ihren Körper in Form zu halten und bei der Jagd Erfolg zu haben. Denn mit jeder Beute, die sie erlegten, wuchs ihr Ansehen bei den Sippengenossen. Der kenianische Anthropologe Richard Leaky bezeichnet das Fleisch, das die Jäger erbeuteten, als »harte Währung«; wer am meisten davon heranschaffte, war der Größte und genoss sowohl bei seinen Geschlechtsgenossen als auch bei den Frauen die größte Hochachtung. In der Tatsache, dass sie besser für die Jagd geeignet waren als die Frauen, liegt nach Leaky der Hauptgrund dafür, dass sich die Männer jahrtausendelang einer erheblichen Vormachtstellung erfreuen konnten. Dass dieser Grund heute, im Zeitalter von Schlachthäusern und Metzgereien, nicht mehr existiert, haben viele Herren offensichtlich noch nicht begriffen und benehmen sich deshalb nach wie vor wie ihre urzeitlichen Vorfahren, auf deren Jagdgeschick der Rest der Meute angewiesen war.

MANN AM STEUER

Da das Erlegen wilder Tiere in unserer heutigen Gesellschaft den Männern nur noch sehr bedingt besonderes Ansehen einträgt, sind sie auf andere Dinge angewiesen, um ihre Überlegenheit zu demonstrieren. Als besonders wirkungsvoll hat sich dabei das Auto erwiesen, das längst die Funktion früherer Rangabzeichen und Schmuckstücke übernommen hat. Jedes PS mehr entspricht einer weiteren Feder im Haar, einer Bärenkralle in der Kette oder einer Kerbe in der Lanze. Je prunkvoller und teurer das Gefährt ist, desto ranghöher fühlt sich sein Besitzer, und mitleidig blickt er auf die Geschlechtsgenossen hinab, die kein vergleichbares Statussymbol vorweisen können.

Diese sind dann zur Befriedigung ihres Imponiergehabes auf Zusatzscheinwerfer, mehr oder minder originelle Aufkleber oder allerlei sonstigen, ganz und gar nutzlosen Schnickschnack angewiesen. Und wer seine Überlegenheit weniger demonstrativ zur Schau stellen möchte, greift zum subtilen Mittel des Understatements und fährt ein Auto ohne Modellbezeichnung auf dem Kofferraumdeckel.

So richtig zeigt sich die Rolle, die ein möglichst protziges Fahrzeug bei der Erlangung von Macht und Ansehen spielt, aber erst, wenn es auf der Straße bewegt wird. Dann wird der Fahrer nicht selten zum mammutkillenden Steinzeitjäger, der seine Aggressionen ungehemmt auslebt. Er rast, hupt und drängelt, als wäre ihm ein übermächtiges Ungeheuer auf den Fersen, vor dem er sich in Sicherheit bringen muss, oder als wäre er selbst einem gewaltigen Tier auf der Spur, das es unbedingt zu erlegen gilt. Demjenigen, der ihm dabei in die Quere kommt, zeigt er einen Vogel und beschimpft ihn so unflätig, wie er es außerhalb seines Fahrzeugs nie täte. Da verwundert es nicht, dass nach einer Untersuchung des Instituts für Fahrzeugsicherheit das männliche Risikoverhalten im Straßenverkehr um 30 Prozent höher ist als das der Frauen.

Mit besonderer Aggression reagiert so mancher Autofahrer, wenn ein anderer sich erdreistet, ihn zu überholen. Dann werden in ihm dieselben urzeitlichen Instinkte wach wie in den einstigen Steppenjägern, deren Leben davon abhing, sich bloß nicht von einem

Konkurrenten die Beute abjagen zu lassen. Als der Verkehrspsychologe Hans-Peter Krüger von der Universität Würzburg Männer in einen Fahrsimulator setzte, beobachtete er fast ausnahmslos dasselbe Phänomen: Wenn die Versuchspersonen im Rückspiegel hinter sich ein dicht auffahrendes Fahrzeug erblickten, reagierten sie zum Teil extrem aggressiv. Sie empfanden das Verhalten des Hintermannes als offene Herausforderung, und das, obwohl viele von ihnen kurz zuvor selbst rücksichtslos gedrängelt hatten.

Für den Wiener Verhaltensforscher Klaus Atzwanger sitzt im Straßenkreuzer immer noch der urtümliche Steinzeitjäger:»Da ein Autofahrer einem anderen fast nie ins Gesicht blickt, nimmt er ihn als Angehörigen eines fremden Stammes wahr. In dieser Anonymität haben Aggressionen freie Bahn.« Und der Sozialpsychologe Hardy Holte von der Bundesanstalt für Straßenwesen fügt hinzu:»Beim Fahren wird deutlich, dass der Mensch seine Entwicklungsgeschichte überwiegend als Jäger und Sammler erlebt hat. Die Evolution konnte mit der Technik nicht Schritt halten. Für den Urjäger im Menschen ist das Auto eine Waffe, und er setzt sie ein, wenn er sich bedroht fühlt. Diese Bedrohung kann schon ein ›Schleicher‹ sein, der ihn zum Bremsen zwingt.«

Weil kein Autofahrer sich gern überholen lässt, erstaunt es im Grunde nicht, dass für die meisten Männer die Höchstgeschwindigkeit eines Autos eines der bedeutendsten Kaufargumente darstellt. Zwar ist es heutzutage nicht mehr erforderlich, Feinde zu hetzen oder vor einer Bestie zu fliehen, dennoch legen Autokäufer auf kaum etwas so viel Wert wie auf hohes Tempo und überlegenes Beschleunigungsvermögen.

AUS DEM BAUCH HERAUS

Dabei überlebten mit Sicherheit in erster Linie gar nicht unsere schnellsten Vorfahren, sondern vielmehr unsere klügsten. Präziser gesagt: diejenigen, die in brenzligen Situationen klaren Kopf behielten, die nicht planlos davonrannten, sondern in Sekundenschnelle die bestmögliche Entscheidung trafen. Langes Abwägen war in einer solchen Situation ebensowenig gefragt wie bei der Abwehr anderer Gefahren, die unsere Urahnen ständig und überall bedrohten. Wenn aus einem Gebüsch mit lautem Brüllen ein Säbelzahntiger hervorbrach, blieb keine Zeit, das Für und Wider verschiedener Verhaltensweisen zu bedenken. Und wer sein Leben nur dadurch retten konnte, dass er auf einem wackeligen Baumstamm einen reißenden Fluss überquerte, durfte sich nicht damit aufhalten, die Tragfähigkeit von Holz auf Wasser zu berechnen, sondern musste so schnell wie möglich handeln.

Diese oft geradezu zwanghafte Neigung zu spontanen Aktionen ist vielen von uns noch heute eigen, obwohl dazu in der Regel überhaupt kein Grund mehr besteht. Langes Nachdenken ist eben nicht Sache von Menschen, die seit Urzeiten die Unversehrtheit von Leib und Leben möglichst spontanen Entscheidungen verdanken. Deshalb hat sich in vielen Zeitgenossen die archaische Vorstellung gehalten, es komme bei einem Entschluss weniger auf die Qualität als vielmehr auf die Schnelligkeit an, mit der er getroffen wird, und fragwürdige Handlungsweisen seien allemal besser als gar keine. Im Zweifel neigen wir eher dazu, etwas auszuprobieren, als uns vorher intensiv darüber Gedanken zu machen. Von jemandem zu sagen, er habe eine »zupackende Art«, empfinden wir als Kompliment, während uns ein anderer, der sich nach endlosem Abwägen endlich zu einer Handlung durchringt, als bemitleidenswerter Zauderer gilt.

Hier liegt wohl auch der Grund, warum die meisten von uns so ungern Gebrauchsanleitungen studieren. Unabhängig voneinander durchgeführte Umfragen in Europa und den USA haben übereinstimmend ergeben: Die Mehrheit der Befragten – Männer allerdings weitaus häufiger als Frauen – probiert neue Geräte am liebsten ganz einfach aus und nimmt Anleitungen widerwillig und nur im Notfall zu Hilfe. Besonders deutlich wird das bei der Arbeit am Computer: Selbst wer mit der EDV nur bescheidene Erfahrungen hat, traut sich in der Regel zu, auch mit einem gänzlich neuen Programm zurechtzukommen, und nimmt lieber Zeitverluste durch ständige Fehlbedienungen in Kauf, als sich vorher durch sorgfältiges Studieren einer Anleitung intensiv mit der Software vertraut zu machen.

Wie unsere Urahnen verlassen wir uns dabei am liebsten auf unser durch Erfahrung geschärftes Urteilsvermögen und tun – gleichsam aus dem hohlen Bauch heraus –, was uns in einer bestimmten Situation zur Abwehr einer Gefahr spontan am geeignetsten erscheint. Das Bewältigen eines Problems durch »Try and Error« ist uns aufgrund unserer Herkunft in die Wiege gelegt, und es verlangt uns eine gehörige Portion Willenskraft ab, zuerst lange Studien und Überlegungen anzustellen, bevor wir uns für ein bestimmtes Vorgehen entscheiden.

Deswegen drücken die meisten von uns lieber erst bei Beginn einer aufzuzeichnenden Sendung auf den Aufnahmeknopf des Videorekorders, als ihn mühsam vorzuprogrammieren: Datum, Programm, Anfangszeit, Ende, VPS, Longplay – eine Abfolge mühsamer Entscheidungen, und das alles ohne Gewähr, dass die Aufnahme auch gelingt. Wenn sie dann tatsächlich schiefgeht, geben wir selbstverständlich der Gebrauchsanleitung – die wir nur oberflächlich gelesen haben – die Schuld und nehmen uns vor, uns beim nächsten Mal nicht mehr auf die unzuverlässige Technik zu verlassen, sondern die Sache selbst in die Hand zu nehmen und wieder nach bewährter Methode zu verfahren.

VON WOHL- UND MISSKLÄNGEN

Aber selbst wenn wir keine Lust haben, die Bedienungsanleitung einer neuen Stereoanlage zu lesen, und daher nur einen Teil ihrer Möglichkeiten ausnutzen, weil wir die Wiedergabe der Höhen und Bässe nicht optimieren und auf ausgefallene Klangeffekte verzichten – wir können uns vorbehaltlos an der Musik erfreuen, die den Lautsprechern entströmt. Dafür, dass uns bestimmte Klangkompositionen harmonisch erscheinen, während wir andere als dissonant und unmelodisch abtun, ist nach Ansicht von Wissenschaftlern ebenfalls unser evolutionäres Erbe verantwortlich. Das beweist nach Ansicht des Berliner Komponisten Lutz Glandien schon allein die Tatsache, dass auch unsere nächsten Verwandten, die Schimpansen, Töne erzeugen können, in denen eindeutig musikalische Elemente zu erkennen sind. Glandien hat die Laute der Menschenaffen in Phrasen zerlegt und auf dem Klavier nachgespielt. »Erstaunlicherweise fand ich zu jedem Ton die passende Note«, sagt er. »Heraus kamen Motive, die durchaus auch einem Jazzmusiker einfallen könnten.«

Der Neurologe Mark Tramo von der Harvard-Universität behauptet, dass schon Wale, deren Entwicklungslinie sich weitaus früher von der unsrigen getrennt hat als die der Menschenaffen, über Gehirnstrukturen verfügen, die sie in die Lage versetzen, Wohlklänge von Misstönen zu unterscheiden, Rhythmen zu erkennen und ihre Lautäußerungen mit Refrains zu versehen. Er glaubt sogar, derartige neuronale Muster auch bei Staren sowie – man höre und staune – bei Ratten entdeckt zu haben. Das ist natürlich alles noch kein Beleg dafür, dass Affen musikalisch sind, es könnte aber immerhin darauf hindeuten, dass die Empfindung für Wohlklänge schon in einem sehr frühen Stadium der menschlichen Evolution entstanden ist. Unterstützt wird diese Vorstellung von einer Vielzahl ähnlicher Befunde, die von Psychologen, Neurowissenschaftlern und Zoologen zusammengetragen wurden. Demnach dient der Sinn für schöne Melodien schon seit Urzeiten dem sozialen Zusammenhalt der Menschen. Ein Baby muss unendlich viel lernen: stehen, gehen, sprechen, essen zum Beispiel, es hat jedoch ein angeborenes Empfinden für harmonische Klangfolgen, das freilich im Lauf der Entwicklung geformt und sogar in eine bestimmte Richtung gelenkt werden kann. Die Musikwissenschaftlerin Sandra Trehub von der Universität im kanadischen Toronto hat herausgefunden, dass schon sechs Monate alte Kleinkinder manche Akkorde mit Strahlen, andere dagegen mit eindeutig ablehnenden Lauten und gequältem Wimmern quittierten.

Zwar bestehen eindeutige Unterschiede zwischen dem Musikgeschmack der verschiedenen Völker und Kulturen, eines ist jedoch weltweit allen als schön empfundenen Melodien gemeinsam: Sie haben einen Grundton, zu dem sie früher oder später zurückkehren, und erzeugen auf diese Weise einen universellen harmonischen Ausklang. Das gilt für die von Menschen erdachten Tonfolgen ebenso wie für die des Stars oder der Singdrossel.

ESSEN UND TRINKEN

Noch laufen letzte Zuckungen über den massigen Körper des Mammuts, da zerren die Männer es schon mit vereinten Kräften ins Trockene und beginnen, seinen Leib mit scharfen Steinklingen aufzuschlitzen. Jetzt, wo gewaltige Fleischmassen zum Greifen nah vor ihnen liegen, spüren sie erst, wie hungrig sie sind. Seit mehr als einer Woche haben sie nichts wirklich Sättigendes mehr gegessen, haben sich nur von Wildfrüchten, Nüssen, Pilzen und gelegentlich einem erschlagenen oder erstochenen Hasen ernährt. Wie Hyänen fallen sie über das leblose Mammut her, reißen riesige Brocken Fleisch heraus und halten sie, auf gabelförmige Äste gespießt, in das Feuer, das einer der Jäger inzwischen entfacht hat. Doch die Gier ist übermächtig, und noch bevor die blutenden Fleischklumpen auch nur halbwegs durchgebraten sind, schlagen sie schon ihre Zähne hinein. Vor allem auf das Fett des Tieres sind sie aus; nichts gibt ihnen ihre Kraft so schnell zurück wie eine ordentliche Menge Fett, das wissen sie genau. So kauen sie und schlingen Muskelfleisch, Bauchfett und Eingeweide in sich hinein. Schmatzend und vor Behagen grunzend, schieben sie sich immer neue Brocken in den Mund.

Auch Ugur kaut, als fürchte er, jemand könne ihm die köstliche Mahlzeit streitig machen. Dazu schlürft er das noch warme Mammutblut und nimmt nur gelegentlich einen Schluck Wasser. Es dauert lange, bis er ein Sättigungsgefühl spürt, und nachdem er einen letzten, fetttriefenden Fleischklumpen hinuntergewürgt hat, lehnt er sich zufrieden zurück, rülpst ein paar Mal vernehmlich und lässt seinen Blick über die Kumpanen streifen, von denen einige noch immer nicht genug haben und in ihrer Gier alles um sich herum vergessen zu haben scheinen.

Dann greift er in die Tasche seines Gewandes und kaut zum Nachtisch eine Handvoll süßer Beeren, die Wala gesammelt und ihm für den Jagdzug mitgegeben hat. Nach dem opulenten Fleischmahl schmecken die vollreifen, zuckersüßen Früchte herrlich, und er kann gar nicht aufhören, eine nach der anderen genussvoll zu zermalmen. Doch plötzlich fährt er zusammen. In die Süße der Früchte hat sich ein scharfer, bitterer Geschmack gemischt. Ohne auch nur eine Sekunde nachzudenken, spuckt er aus und spült sorgfältig mit Wasser nach. Schon einmal hat er etwas ähnlich Bitteres in den Mund bekommen und es widerwillig hinuntergeschluckt. Danach musste er tagelang erbrechen, bekam Durchfall und fühlte sich so elend, dass ihn zwei seiner Männer zurück ins Lager tragen mussten, wo er viele Tage brauchte, um sich auszukurieren. Das soll, das darf ihm nicht noch einmal passieren! Nachdem er den ekelerregenden Geschmack vollkommen aus dem Mund gespült hat, merkt er, dass ihm der Appetit gründlich vergangen ist. Von der Jagd, aber fast noch mehr von der opulenten Mahlzeit erschöpft, legt er sich zu Boden und ist wenige Minuten später eingeschlafen.

SCHWERGEWICHTE

Dass Ugur und seine Männer eine derartige Fressorgie veranstalteten, war durchaus sinnvoll. Denn im Gegensatz zu uns heutigen Menschen konnten sich unsere steinzeitlichen Vorfahren nicht einfach im nächstbesten Supermarkt bedienen und sich das, wonach ihnen der Sinn stand, kaufen; vielmehr waren sie darauf angewiesen, sich dann den Bauch zu füllen, wenn etwas Essbares zur Verfügung stand. Und das war beileibe nicht jeden Tag der Fall. War ihnen das Jagdglück nicht hold, galt es häufig, längere Hungerphasen zu überstehen. Diese machten ihnen deshalb besonders zu schaffen, weil sie im Gegensatz zu uns modernen Menschen weitaus mehr Energie verbrauchten, die sie ihrem Körper über die Nahrung nachliefern mussten. Zehn bis zwölf Stunden täglich waren sie auf den Beinen, und das sieben Tage in der Woche, ohne Wochenende oder Ferien. Dazu oft noch schwer bepackt und nicht selten sogar im Laufschritt.

Dass es zu Zeiten unserer Urahnen tatsächlich längere Hungerperioden gegeben hat, beweisen Untersuchungen an prähistorischen Knochen. Diese reagierten genau wie unser heutiges Skelett auf ein unzureichendes Nahrungsangebot mit Wachstums- und Umformungsstörungen, die sich im Röntgenbild als so genannte »Harris-Linien« zeigen. Solche Linien finden sich in ausgegrabenen Knochen unserer urzeitlichen Ahnen zuhauf und zeugen von abwechselnden Fress- und Entbehrungszeiten. Auch an den Zähnen der Steinzeitmenschen zeigen sich bei speziellen Untersuchungen streifenartige Verfärbungen, die Wissenschaftler als Folge wiederkehrender Unterernährungsphasen deuten.

Der amerikanische Paläoanthropologe Steve Churchill schätzt, dass der stämmige Körper des Neandertalers täglich nicht weniger als 6500 Kilokalorien benötigte. Dagegen kommen wir heutigen Menschen, die wir den Arbeitstag weitgehend sitzend oder zumindest nicht ständig in Bewegung verbringen, mit weniger als der Hälfte aus. Deshalb hätten wir allen Grund, unsere Nahrungsaufnahme dem reduzierten Energieverbrauch anzupassen. Doch viele von uns verhalten sich, sobald man ihnen etwas Essbares anbietet, noch immer wie die steinzeitlichen Jäger, deren Gene wir nach wie vor in uns tragen. Besonders auf Festlichkeiten, deren Qualität wir ja oft geradezu daran messen, was und wie viel es zu vertilgen gibt, kennen wir kein Halten. Wir stopfen alles, was essbar ist, so lange in uns hinein, bis wir uns nicht mehr rühren können, und freuen uns, dass uns unsere Maßlosigkeit zudem noch einen willkommenen Vorwand für den – keinesfalls kalorienfreien – Verdauungsschnaps liefert.

Ugur und Kumpane dagegen waren unbedingt darauf angewiesen, sich immer dann, wenn sich ihnen etwas zu essen bot, die Bäuche so voll wie möglich zu schlagen. Wer wusste schon, wann sich die nächste Gelegenheit dazu ergab? Für derartige Fressorgien war und ist der menschliche Magen bestens geeignet. Gleicht er im leeren Zustand einem unscheinbaren, schlaffen Beutel von etwa 20 Zentimetern Länge, so kann er sich bei Bedarf enorm ausdehnen und bis zu zweieinhalb Liter Nahrung aufnehmen, die er dann ganz allmählich und in kleinen Portionen an den Dünndarm weitergibt. Dass sich daran seit Urzeiten nichts Entscheidendes geändert hat, ist uns allen leidvoll bekannt. Überdies hat der Darm auch noch die fatale Eigenschaft, dem Nahrungsbrei jedes verwertbare Molekül zu entziehen. Dieser Mechanismus ist zwar einerseits durchaus wünschenswert, da sonst eine Frau, die die Pille inmitten eines opulenten Mahls einnimmt, schon bald mit einer Schwangerschaft rechnen müsste, er hat jedoch den entscheidenden Nachteil, dass wir Sitzmenschen uns in der Mehrzahl tagtäglich erheblich mehr einverleiben, als wir benötigen.

Da die – trotz gelegentlicher jagdlicher Erfolge vorwiegend pflanzliche – Nahrung der Steinzeitmenschen eiweißreich, aber ausgesprochen kohlenhydrat- und vor allem fettarm war (heute enthält sie in der Regel von allen drei Nährstoffgruppen zuviel), waren sie ganz besonders auf Fett aus, ja sie legten es geradezu darauf an, sich möglichst üppige Fettpolster anzufressen, die dann einen lebenswichtigen Energievorrat für schlechte Zeiten darstellten. Allerdings war es für unsere Ahnen gar nicht so leicht, an ausreichende Mengen dieses hochenergetischen Nahrungsmittels heranzukommen, denn im Gegensatz zu den auf üppigen Ertrag gemästeten Schweinen und Rindern, denen wir heute unsere Fleischrationen verdanken, weist das Fleisch wilder Tiere einen erheblich geringeren Fettanteil auf.

Obwohl für uns moderne Menschen 70 bis 80 Gramm Fett täglich ganz und gar ausreichend wären, nehmen wir in der Regel mehr als 100 Gramm zu uns und speichern den Überschuss notgedrungen in den bekannten Polstern. Das viele Fett verstopft unsere Blutgefäße und trägt maßgeblich dazu bei, dass Herz- und Kreislauferkrankungen bei uns zur Todesursache Nummer eins geworden sind und dass die Zuckerkrankheit immer mehr zunimmt. Außerdem belastet unser Übergewicht sämtliche Knochen und Gelenke in einem Ausmaß, für das diese schlichtweg nicht konstruiert sind.

Während ein einzelner Urmensch nur so viel pflanzliche Kost sammeln und nach Hause tragen konnte, dass davon außer ihm selbst allenfalls noch die engsten Familienangehörigen satt wurden, lieferte erlegtes Großwild im Idealfall ausreichend Nahrung für die komplette Sippe – Nahrung, die sich gut zerlegen und transportieren ließ, die man mit Nachbarn und Freunden teilen und mit deren Hilfe man dafür sorgen konnte, dass Kranke wieder zu Kräften kamen. Die frühesten Hinweise, dass unsere Vorfahren tatsächlich Fleisch gegessen haben, fand man bei Grabungen in der Olduwaischlucht in Tansania. Dort entdeckten Paläontologen neben Überresten unseres frühen Vorläufers »Homo habilis«, der vor rund zwei Millionen Jahren lebte, etliche größere Haufen, die aus Unmengen von Steinwerkzeugen, aber auch aus mehr als 15 000 Knochenbruchstücken bestanden – zum großen Teil von Mäusen, aber auch von Antilopen, Wildschweinen und Elefanten. Man kann davon ausgehen, dass es sich bei diesen Geröll- und Knochenbergen um Lagerreste urzeitlicher nomadisierender Jägerhorden handelte. Bemerkenswert ist dabei, dass die Wissenschaftler bei der Betrachtung der Knochentrümmer unter dem Mikroskop unverkennbare Schnitt- und Schabespuren fanden – ein deutlicher Hinweis darauf, dass die Menschen damals das Fleisch ihrer Beutetiere mit Steinwerkzeugen zerlegten und von den Knochen lösten. Allerdings fand man auch Belege dafür, dass sich unsere Vorfahren nicht nur von erlegten, sondern auch von verendeten Tieren, also von Aas ernährten. Denn an etlichen Knochenstücken entdeckte man eindeutige Biss- und Nagespuren von Raubtieren, die unterhalb der von den Steinwerkzeugen hinterlassenen Rillen verliefen, woraus man schließen kann, dass Löwen und Hyänen die Ersten waren, die sich an dem Fleisch gütlich taten, und dass sie den Menschen nur die Reste übrigließen.

SPORT IST MORD

Doch wir sind nun einmal mehrheitlich keine schwer arbeitenden Jäger mehr, und deshalb tut uns die Ernährungsweise, die für unsere Vorfahren ideal war, alles andere als gut. Wenn wir uns wenigstens mehr bewegen würden! Doch so, wie wir von unseren Ahnen die Fresslust geerbt haben, die mächtiger ist als jedes Diktat von Mode und Gesundheit, so ist in uns auch nach wie vor ein urzeitliches Energiesparprogramm wirksam, das unsere Ahnen automatisch davon abhielt, durch unnützes Hin- und Herlaufen oder sinnlose körperliche Betätigung anderer Art wertvolle Energie zu verpulvern. Dieser Mechanismus macht uns heute jedwede physische Aktivität derart schwer, dass viele von uns sich nur unter Aufbietung all ihrer Willenskraft zu sportlicher Betätigung durchringen können. Während die Steinzeitmenschen darauf angewiesen waren, wo immer möglich Kräfte zu sparen und unnötige Anstrengungen zu vermeiden, wären wir gut beraten, das Gegenteil zu tun, unseren Energieverbrauch anzukurbeln und so der übermäßigen Aufnahme anzupassen. Das täte nicht nur unserer Energiebilanz, sondern zudem auch noch Kreislauf, Muskeln und Gelenken ausgesprochen gut.

Doch wir sehen uns ein Tennismatch lieber im Fernsehen an, als selber zu spielen, oder kaufen uns Äpfel und Kirschen im Supermarkt, anstatt sie kletternd vom Baum zu pflücken. Würden wir, anstatt mit dem Lift zu fahren, grundsätzlich die Treppe benützen oder öfter das Auto in der Garage stehen lassen und zu Fuß gehen, bräuchten wir keine aufwändigen Fitnessgeräte (man stelle sich Ugurs Gesicht beim Anblick einer Hantelbank oder eines Fahrradergometers im Keller vor!). Und die Geräte sind ja nicht nur teuer, sondern führen oft auch ein ausgesprochen ruhiges Dasein, weil niemand sie benutzt.

DER APPETIT KOMMT BEIM ESSEN

Fett hat aber noch eine weitere Eigenschaft, die unseren Urahnen zugute kam, indem sie ihnen ermöglichte, sich gleichsam zu überfressen, für uns heutzutage jedoch äußerst fatal ist: Es macht Appetit auf mehr. Jeder kennt das: Man hat im Grunde gar keinen Hunger und käme ganz gut ohne Essen aus. Aber kaum hat man sich hingesetzt und die ersten Happen verzehrt, nimmt der Appetit zu, und man isst und isst, bis »beim besten Willen nichts mehr hineingeht«. Hieran scheint nach amerikanischen Studien ein vom Gehirn kontrollierter Mechanismus schuld zu sein, bei dem eine Gruppe von Fetten, die sogenannten Triglyzeride, die entscheidende Rolle spielen. Liegt ihr Anteil in der Ernährung über 30 Prozent, so aktivieren sie bestimmte Gehirnzentren, die den Hunger erst richtig ankurbeln und offenbar dafür sorgen, dass sich das Fett in den bekannten Pölsterchen niederschlägt. US-Forscher fanden in Tierversuchen, dass die für den Appetit und die Gewichtsregulierung zuständigen Hirnregionen bei Mensch, Maus und Ratte verblüffend ähnlich aufgebaut sind. Und sie entdeckten, dass bei den Tieren schon eine einzige schwere Mahlzeit ausreicht, den Teufelskreis von Verlangen nach mehr und damit die Anlage von Fettreserven in Gang zu setzen.

Hinzu kommt, dass Fett offenbar die Wirkung eines Hormons namens Cholezystokinin herabsetzt, das von der Dünndarmwand bei Nahrungszufuhr abgegeben wird und ein Sättigungsgefühl hervorruft. Zumindest ist das bei Nagetieren – die uns ja, wie bereits erwähnt, ernährungsphysiologisch ähneln – nachgewiesen worden. Als die amerikanischen Forscher Covasa und Savastano von der Pennsylvania State University Ratten diesen Wirkstoff verabreichten, stellten sie fest, dass er zwar bei normal ernährten Tieren einen Essstopp auslöste, nicht jedoch bei solchen, die vorher reichlich Fett zu sich genommen hatten. Dies bestätigt frühere Versuchsergebnisse, bei denen sich gezeigt hat, dass überernährte Menschen mehr Cholezystokinin im Blut haben als Normalgewichtige. Ihr Körper reagiert auf den Botenstoff deutlich weniger sensibel, mit der Folge, dass sie viel häufiger Hunger haben und sich beim Essen nicht so schnell satt fühlen.

Bemerkenswert ist in diesem Zusammenhang, dass sich überschüssiges Fett bei Männern und Frauen an unterschiedlichen Körperstellen ansetzt und dass dafür nach Ansicht von Evolutionsforschern ebenfalls unsere urzeitlichen Gene verantwortlich sind. Es fällt doch auf, dass sich die lästigen Fettpolster vor allem da ansammeln, wo sie den reibungslosen Ablauf der körperlichen Funktionen am wenigsten stören. Hätten wir quer über die Brust einen dicken Fettpanzer, so würde dieser das Herz bei seiner Tätigkeit massiv beeinträchtigen. Das gilt für Männer ebenso wie für Frauen. Für die steinzeitlichen Jäger wären aber auch Fettablagerungen an Oberschenkeln und Po höchst ungünstig gewesen, hätten sie ihnen doch das schnelle und ausdauernde Laufen erschwert, auf das sie bei der Verfolgung des Wildes unbedingt angewiesen waren. Deshalb hat die Evolution es offensichtlich so eingerichtet, dass sich die Leibesfülle bei Männern vorzugsweise am Bauch, aber auch an Nacken und Rücken bemerkbar macht, das heißt: Männer bekommen leicht einen Bierbauch, aber keinen Bierhintern.

Für die Frauen dagegen, die sich bei ihrer häuslichen Arbeit ebenso wie beim Sammeln pflanzlicher Nahrung Zeit lassen konnten oder zumindest keine Sprints oder Langstreckenläufe einlegen mussten, spielte das Fett an Po und Oberschenkeln keine Rolle, sehr wohl aber am Bauch, wo es auf die Eierstöcke und vor allem auf die Gebärmutter drückte, die im Fall einer Schwangerschaft ja dafür konstruiert ist, sich möglichst ungestört ausdehnen zu können. Deshalb sieht man nach Ansicht von Experten noch heute so viele Frauen, deren vergleichsweise schlanker Oberkörper von einem beachtlichen Gesäß und kräftigen Schenkeln getragen wird, während auf der anderen Seite selbst Männer mit imponierenden Bäuchen nur selten dicke Beine haben. Kommen Frauen in die Wechseljahre oder entfernt man ihnen schon vorher Eierstöcke und Gebärmutter, ist also keine Schwangerschaft mehr zu erwarten, so setzt sich das überschüssige Fett auch bei ihnen bevorzugt um den Bauch herum an.

Soweit zu dieser Theorie der geschlechtsspezifischen Fettverteilung. Daneben existiert jedoch noch eine andere, die polnische Forscher der Universität Wroclaw aufgestellt haben. Nach ihrer Auffassung sind die weiblichen Problemzonen zwar unschön, aber aus entwicklungsgeschichtlicher Sicht durchaus sinnvoll. Denn mit ihrem zusätzlichen Gewicht helfen sie Frauen, die ein Kind erwarten, in der Balance zu bleiben. In der Schwangerschaft verlagert sich der körperliche Schwerpunkt durch den wachsenden Bauch immer mehr nach vorne; ein aufrechter Gang wäre daher ohne Gegengewicht schwierig und kraftaufwändig. Im Verlauf der menschlichen Entwicklungsgeschichte waren demnach Frauen mit Fettpölsterchen an Po und Schenkeln in puncto Kinderkriegen ihren dünneren Geschlechtsgenossinnen gegenüber eindeutig im Vorteil.

Für diese Theorie spricht auch die Tatsache, dass sehr dünne Frauen, beispielsweise Hochleistungssportlerinnen, nicht selten Probleme mit ihrem Zyklus haben, ohne dessen Funktionieren eine Schwangerschaft aber kaum möglich ist. Außerdem entsteht die typisch weibliche Fettverteilung erst während der Pubertät. Vorher enthält der Körper eines Mädchens im Allgemeinen etwa zehn Prozent mehr Fett als der eines Jungens, nach der Geschlechtsreife beträgt der Vorsprung dagegen zwanzig bis dreißig Prozent.

FLEISCHESLUST

Auch dafür, dass Männer im Allgemeinen stärker nach fleischlicher Nahrung lechzen als Frauen, haben Evolutionspsychologen eine nachvollziehbare Erklärung: Nach ihrer Meinung ist dafür eine in Männern noch immer tief verwurzelte Überzeugung unserer archaischen Vorfahren verantwortlich, die beobachteten, dass besonders mächtige »Herrschertiere« wie Löwen und Tiger, aber auch Adler sich ausschließlich von Fleisch ernähren. Vom Verzehr großer Mengen Muskelfleisch erhofften sich die Steinzeitmänner demnach, dass die Kraft eben dieser Muskeln auf sie übergehen möge und dazu noch weitere Eigenschaften der Tiere wie Unabhängigkeit, Stolz und vor allem die unbarmherzige Präzision bei der Jagd – alles Eigenschaften, die nach Ansicht der Forscher vortrefflich zum Image passen, das Männer seit Urzeiten gerne von sich haben wollen.

JO-JO

Doch wenn wir schon an Übergewicht leiden und gern ein paar Pfunde loswerden wollen, steht uns schon wieder ein Mechanismus im Weg, den wir ebenfalls unseren urzeitlichen Genen verdanken: der sogenannte Jo-Jo-Effekt. Er ist zumindest dafür verantwortlich, dass kurzfristige Diäten, wie sie in großer Zahl in allen möglichen Büchern und Illustrierten propagiert werden, langfristig keine Chance auf Erfolg haben. Denn die Evolution hat unseren Körper mit einem Notprogramm ausgestattet, das ihm für eine gewisse Zeit auch das Überleben in schlechten, nahrungsarmen Zeiten ermöglicht. Bekommt er weniger Nahrung, als er braucht, schaltet er dieses Programm ein, fährt den Stoffwechsel auf Sparflamme herunter und kommt so mit weit weniger Kalorien aus als unter Normalbedingungen.

Das wäre ja alles gut und schön, wenn der Sparmechanismus nach der Diät sofort wieder abgeschaltet würde. Das aber ist mitnichten der Fall. Vielmehr gibt sich unser Körper auch nach der Rückkehr zu alten Essgewohnheiten noch eine ganze Weile mit erheblich weniger Nährstoffen zufrieden, als er erhält, da er ja noch immer jede Kalorie viel gründlicher ausnutzt. Das bedeutet, dass sich jetzt schon eine normale, ja, sogar eine im Vergleich zu Vordiätzeiten reduzierte Mahlzeit in Fettpölsterchen niederschlägt und wir schnell wieder ein paar Kilo zu viel haben. Das funktioniert übrigens selbst dann, wenn wir weitgehend auf Fett verzichten, denn in komplizierten biochemischen Reaktionen kann unser Organismus mühelos auch Eiweiß und Kohlenhydrate in Fett umwandeln und ablagern. Beide Mechanismen – das Notprogramm und die ausreichende Energieversorgung durch fettlose Nahrungsmittel – waren für unsere urzeitlichen Vorfahren ein wahrer Segen, für uns haben sie jedoch zur Folge, dass wir auf Dauer nur abnehmen, wenn wir uns langfristig weniger Energie zuführen, als wir verbrauchen, indem wir entweder deutlich weniger essen oder uns mehr bewegen als vorher. Oder – nachgewiesenermaßen am wirksamsten – indem wir beides tun.

SÜSSES VERLANGEN

Schließlich gibt es sogar noch einen weiteren archaischen Vorgang in unserem Körper, der das Dickwerden beschleunigt: die durch den Verzehr von Zucker begünstigte Einlagerung von Nahrungsfetten. Sobald wir Süßes essen, schüttet die Bauchspeicheldrüse das Hormon Insulin aus, das den Zucker aus dem Blut in die Zellen befördert, wo er der Energiegewinnung dient. Und dieses Insulin hat die fatale Nebenwirkung, die Ablagerung überschüssiger Fettstoffe in unsere Gewebe zu fördern.

Dann müssten wir also, um abzunehmen, nichts weiter tun, als weitgehend auf Fett und Zucker zu verzichten, oder? Das klingt logisch und funktioniert auch, ist aber nur schwer zu bewerkstelligen. Denn fast alle haben wir von Geburt an eine ausgeprägte Vorliebe für Süßes, und auch hierfür ist unsere evolutionäre Genausstattung verantwortlich. Für unsere Ahnen stellten reife Früchte und süßer Honig eine zwar nur selten verfügbare, dafür aber umso wertvollere, höchst energiereiche und dazu noch vitaminhaltige Nahrungsquelle dar. Wann und wo immer es möglich war, ließen sie sich diese Köstlichkeiten schmecken, und vor allem die Frauen nahmen oft lange und gefahrvolle Wege zu Plätzen im Wald auf sich, wo Beeren in größeren Mengen wuchsen.

Während die Vorliebe für Süßes reinen Raubtieren vollkommen fremd ist (obwohl auch Füchse und Dachse sich zum Teil von Beeren ernähren), ist sie für Primaten geradezu typisch. Vor allem Schimpansen sind in dieser Hinsicht wahre Leckermäuler, die Zuckrigem nur schwer widerstehen können und große Anstrengungen auf sich nehmen, um daranzukommen. Mit nichts kann man ihre Fantasie beim Lösen einer komplexen Aufgabe so effektiv anstacheln wie mit einer süßen Frucht. Um an eine Leckerei, etwa eine Banane, zu gelangen, die von der Käfigdecke herabbaumelt, lassen sie sich die tollsten Dinge einfallen: Sie stellen Kisten aufeinander, steigen sich gegenseitig auf die Schultern oder stecken hohle Stäbe ineinander, mit denen sie versuchen, die begehrte Beute herunterzuholen. Aus evolutionärer Sicht ist dieses Verhalten durchaus sinnvoll, da Süßes schon immer nicht nur satt machte, sondern darüber hinaus garantierte, nichts Gefährliches zu verspeisen. Denn in der Natur gibt es so gut wie keine Giftstoffe mit süßem Geschmack.

Genau wie bei den Affen bricht auch bei uns trotz unseres ausgeprägten Verlangens nach fleischlicher Nahrung die Lust auf Süßes immer wieder mit Macht durch. Deshalb verwundert es nicht, dass es spezielle Süßwarenläden gibt, die uns mit ihrem verlockenden Angebot in Versuchung führen, wohingegen ein Geschäft für Sauer- oder Bitterwaren rasch Pleite machen würde. Auch passt es vortrefflich ins Bild, dass ein opulentes Mahl grundsätzlich mit einem zuckrigen Dessert endet, dessen feiner Nachgeschmack uns noch lange erfreut. Und wozu greifen wir, wenn wir uns zwischen den Mahlzeiten ein leckeres Häppchen gönnen (und damit in die unregelmäßige Nahrungsaufnahme unserer Urahnen zurückfallen)? So gut wie nie zu Gewürzgurken oder einem Salzhering, sondern fast immer zu Süßigkeiten in Form von Bonbons, Konfekt, Schokolade oder Eis.

Namhaften Wissenschaftlern zufolge existiert in unserem Gehirn eine Art Belohnungssystem, das uns angenehme Empfindungen beschert, wenn wir etwas tun, das für unsere Urahnen mit einem reproduktiven Vorteil verbunden war. Der amerikanische Evolutionspsychologe Steven Pinker nennt das »den Vergnügungsknopf drücken (pushing the pleasure button)«. Einige Evolutionsforscher sind sogar der Ansicht, dass sich selbst die Tatsache, dass Frauen im Allgemeinen mehr zum Naschen neigen als Männer, aus unserer urzeitlichen Vergangenheit erklären lässt – waren es doch vorwiegend die Frauen, die Beeren sammelten und dabei nicht nur durch Probieren testen mussten, ob die Früchte reif waren, sondern sich dabei auch das Vergnügen gönnen konnten, direkt von Baum und Strauch zu naschen.

Aber könnten wir unserem urzeitlichen Körper nicht ein Schnippchen schlagen und anstelle von Zucker Süßstoff verwenden? Der schmeckt genauso, kommt also unserem Verlangen entgegen, und aktiviert das besagte Belohnungssystem, macht aber nicht dick. Doch das funktioniert nur bedingt. Denn der von der Zunge wahrgenommene süße Geschmack löst in uns einen bedingten Reflex aus, indem er der Bauchspeicheldrüse vorgaukelt, gleich komme Zucker, woraufhin diese vorsichtshalber schon einmal Insulin ausschüttet. Schließlich gab es im Verlauf der menschlichen Evolution keinen Süßstoff. Deshalb setzt unser Körper ganz automatisch süßen Geschmack mit Zucker gleich und kurbelt sämtliche Vorgänge an, die für die Zuckerverwertung erforderlich sind. Nun trifft das Insulin aber überhaupt nicht auf Zucker, sondern auf eine fremde Substanz, mit der es nichts anfangen kann. Und da es einzig und allein in der Lage ist, Zucker zu verwerten, greift es in seiner Not auf den im Blut befindlichen zurück und transportiert ihn in die Zellen.

Die Folge ist, dass der Blutzuckerspiegel sinkt, und diesen Zustand deutet unser Körper – genauer gesagt, das Sättigungszentrum im Gehirn – als Alarmsignal und löst unverzüglich ein Heißhungergefühl aus, mit dem es uns veranlasst, den scheinbaren Mangel so schnell wie möglich wieder auszugleichen. Das heißt im Klartext: Süßstoff macht hungrig! Dieser Effekt wurde in mehreren unabhängig voneinander durchgeführten wissenschaftlichen Untersuchungen eindeutig bestätigt. So lässt ein angeborener Mechanismus, der seit Urzeiten von menschlichen Eltern an ihre Kinder weitergegeben wird, die erhoffte Wirkung von Süßstoff wirkungslos verpuffen!

SALZ UND ANDERER BALLAST

Doch uns sagt ja beim Essen nicht nur Süßes zu, sondern durchaus auch Deftiges und Herzhaftes. Und auch hieran ist unsere steinzeitliche Veranlagung nicht unbeteiligt. Denn Kochsalz ist, chemisch gesehen, reines Natriumchlorid, und speziell Natrium benötigt unser Körper für eine Vielzahl von Funktionen, insbesondere für einen ungehinderten Wassertransport und für die einwandfreie Funktion der Nerven, die ohne Natriumionen keine Impulse weiterleiten könnten. Deshalb ist es verständlich, dass sich unsere Vorfahren, die ja bei ihrer intensiven körperlichen Tätigkeit eine Menge Salz über den Schweiß verloren, wann immer sie dazu Gelegenheit hatten, nicht nur Süßes, sondern mit Vorliebe auch Herzhaft-Salziges einverleibten.

Bei unserer heutigen Ernährung ist jedoch eine zusätzliche Zufuhr von Kochsalz – beispielsweise durch besonders kräftiges Würzen – nicht mehr erforderlich, und dennoch gelüstet es uns nach wie vor danach. Eine florierende Salzgebäck-Industrie ist der beredte Beweis. Zwar ist es mehr als zweifelhaft, ob Salz tatsächlich den Blutdruck in die Höhe treibt, fest steht jedoch, dass zu viel Natriumchlorid reichlich Wasser bindet und damit die Nieren zu unnötiger Mehrarbeit sowie das Herz zu kräftigerem Pumpen zwingt.

Was wir jedoch im Gegensatz zu den Steinzeitmenschen dringend benötigen, sind sogenannte Ballaststoffe. Dass wir sie nicht besonders schätzen, wird schon aus dem Namen deutlich, denn laut Lexikon versteht man unter Ballast »unnützes Beiwerk, Bürde, Last«, aber auch »wertlose Fracht zum Ausgleich des Gewichts«.

Dabei können wir auf die pflanzlichen Gerüst- und Stützsubstanzen – allen voran Zellulose – keinesfalls verzichten. Nach Ansicht der Deutschen Gesellschaft für Ernährung benötigt jeder Erwachsene davon mindestens 30 Gramm täglich, um das Risiko von Darmleiden, Zuckerkrankheit und Arterienverkalkung zu minimieren. Ballaststoffe bewirken, dass wir unser Essen besser und länger durchkauen, sie füllen den Magen, verzögern dessen Entleerung und lassen den Blutzuckerspiegel nur langsam und kontrolliert ansteigen. Sie sättigen anhaltend und erleichtern daher das Gewichthalten, ja sie helfen sogar maßgeblich beim Abnehmen, da sie bei gleichem Volumen weniger Energie liefern als andere Nahrungsmittel.

Unsere urzeitlichen Vorfahren mussten sich darüber noch keine Gedanken machen. Sie ernährten sich, wenn ihnen kein Fleisch zur Verfügung stand, vor allem von pflanzlicher, faserreicher Kost, aßen Früchte sowie das, was wir heute Vollwertnahrung nennen, und nahmen damit die lebenswichtigen Substanzen ganz von selbst auf. Heute jedoch fehlt es uns vielfach an Ballaststoffen, und wir sind daher gezwungen, unsere Nahrung gegen unseren Willen, das heißt, ohne dass es uns ein genetisch verankertes Programm befiehlt, mit den kaum verdaulichen, aber dennoch so wichtigen Zusatzstoffen anzureichern.

Vielleicht sind deshalb Fast-Food-Restaurants à la McDonald's oder Burger King bei uns so beliebt: Sie beliefern uns reichlich mit all dem, wonach es unsere steinzeitlichen Ahnen so sehr gelüstete, und verzichten auf die lästigen Zusätze. Die bereits erwähnte amerikanische Evolutionspsychologin Leda Cosmides hat derartige Lokale als »Denkmal für die Ernährung unserer Vorfahren« bezeichnet. »Fast Food enthält alle Komponenten, die einem Steinzeitmenschen nur schwer zugänglich waren, vor allem Salz, Zucker und Fett«, erklärt sie. »Deshalb war es damals für sie wichtig, ständig darauf Appetit zu haben. Zucker kommt in reifen Früchten vor, und die gab es ja nicht immer, sodass die Frühmenschen von Zucker nie zu viel bekommen konnten. Viele Wildtiere sind nicht besonders fett, sodass Lust auf Fett den Appetit auf Fleisch steigert – und Fleisch konnte man ja auch nie genug kriegen. Aus demselben Grund brauchten unsere Vorfahren keinen Appetit auf ballastreiche Kost zu haben, da sie ja mit jeder Frucht, jeder Wurzel und jeder Knolle massenhaft solche Stoffe verspeisten. Leider haben wir die Gelüste aus der Steinzeit geerbt, obwohl wir Zucker und Fleisch haben können, so viel wir wollen. Aber da unsere Vorfahren nie ausreichend Zucker und Fleisch bekommen konnten, fehlt uns heute leider eine ›mentale Fressbremse‹, die sagt: ›So, das reicht jetzt an Zucker und Fett!‹ Andererseits wäre trotz der allseits bekannten gesundheitlichen Konsequenzen ein geistiger Appetitzügler auch gar nicht erwünscht, da uns unser Essen ja nun mal gut schmeckt.«

VERSCHIEDENE GESCHMÄCKER

Womit wir uns der Frage zuwenden, was wir überhaupt schmecken und warum das so ist. Nach neueren wissenschaftlichen Erkenntnissen können wir im Grunde nur sechs verschiedene Geschmacksrichtungen unterscheiden, oder anders ausgedrückt: Wir besitzen nur sechs unterschiedliche Arten von Geschmacksrezeptoren, die zum größten Teil auf unserer Zunge und dort wieder säuberlich nach Gruppen getrennt angeordnet sind. Diese sechs Grundqualitäten, aus denen sich alle etwa 10 000 unterscheidbaren

Geschmacksempfindungen zusammensetzen, sind: süß, sauer, salzig, bitter, fettig und umami, was auf Japanisch so viel bedeutet wie »köstlich«.

Umami ist der Geschmack von Glutamat, das vielfach – hauptsächlich in Fertignahrung – als Geschmacksverstärker verwendet wird und in seiner Reinform vor allem Sojaprodukten ihr typisches Aroma verleiht. Dass wir ausgerechnet diese sechs Geschmäcke in Reinform wahrnehmen können, kommt nicht von ungefähr, sondern ist ebenfalls ein Resultat der Evolution, das eng mit den Vorlieben unserer Urahnen zusammenhängt. Für deren Überleben war es – wie bereits erläutert – entscheidend, dass sie möglichst viele Nahrungsmittel verspeisten, die fettig, süß oder salzig schmeckten. Dagegen bestand bei allem Sauren das Risiko, sich den Magen zu verderben, und bei allem Bitteren, sich zu vergiften.

Die evolutive Bedeutung des Umami-Geschmacks ist noch nicht völlig klar; vermutlich liefert er einen Hinweis auf proteinreiche Kost, auf die die steinzeitlichen Menschen ebenfalls ganz besonders angewiesen waren, da ein Großteil der besonders wichtigen und daher absolut unentbehrlichen Moleküle in unserem Organismus – beispielsweise Enzyme, Hormone und Antikörper – komplexe Proteine sind und nur aus deren mit der Nahrung zugeführten Bestandteilen, den Aminosäuren, aufgebaut werden können.

Aber warum schmeckt dann dem einen etwas, was ein anderer verabscheut; warum sind, wie eine bekannte Redensart sagt, »die Geschmäcker verschieden«? Nun, das trifft keinesfalls auf alle Geschmacksqualitäten in gleichem Maße zu. So verziehen sämtliche Babys der Welt und die Mehrzahl der Erwachsenen das Gesicht, wenn sie Bitteres oder extrem Scharfes in den Mund bekommen. Aus der Sicht der Urmenschen ergibt das – wie bereits erwähnt – insofern einen Sinn, als tatsächlich die meisten unbekömmlichen oder gar giftigen pflanzlichen und tierischen Produkte einen bitteren oder scharfen Geschmack aufweisen. Bitter war für unsere Vorfahren ein Warnsignal, das sich zwar bis in die heutige Zeit abgeschwächt hat, aber in den meisten von uns noch immer wirksam ist. Einem bitteren Ge-

110 ESSEN UND TRINKEN

schmack trauen wir nicht oder messen ihm zumindest fragwürdige Wirkungen auf unseren Körper zu, die wir vorsichtshalber lieber vermeiden. Deshalb stimmen wir mehrheitlich durchaus der Behauptung des Chemielehrers Schnauz aus der »Feuerzangenbowle« von Heinrich Spoerl zu: »Medizin muss bitter schmecken, sonst nützt sie nichts.« In der Tat enthalten einige Pflanzen ausgesprochen herbe pharmakologisch wirksame Substanzen, die vor Krebs und Herz-Kreislauf-Erkrankungen schützen.

Wissenschaftler konnten in einer Genanalyse nachweisen, dass sich die Erbanlage, die für die Fähigkeit zum Schmecken von Bitterstoffen verantwortlich ist, in der menschlichen Entwicklungsgeschichte schon sehr früh herausgebildet hat und mindestens 100 000 Jahre alt, vermutlich jedoch noch wesentlich älter ist. Für ihre Untersuchung werteten die Forscher das Genmaterial von etwa 1000 Probanden aus sechzig unterschiedlichen Volksgruppen aus. Dabei fanden sie eine spezielle Erbanlage, die für das Schmecken blausäurehaltiger und damit bitter schmeckender Substanzen eine Schlüsselrolle spielt. Die Mutation, die dieses Gen hervorgebracht hat, spielte sich demnach in sehr früher Zeit ab, und da sie den betroffenen Menschen, die damit zuverlässig die gefährlichen Bitterstoffe erkennen konnten, einen evolutionären Vorteil brachte, breitete sie sich im menschlichen Erbmaterial immer mehr aus.

Allerdings ist das Geschmacksempfinden mehr als viele andere Sinnesempfindungen stark von Lernprozessen abhängig. Während wir uns nur mit großer Mühe an gleißendes Licht und starken Lärm, bedingt an üble Gerüche und überhaupt nicht an Schmerzen gewöhnen können, ist das bei unseren geschmacklichen Eigenheiten ganz anders. Angeboren ist lediglich die bereits erwähnte Vorliebe für Süßes, für das jedes Kind dieser Welt eine unwiderstehliche Schwäche hat. Mit vier Monaten kommt eine Neigung zu Salzigem hinzu. Doch erst mit etwa drei Jahren können Kinder zwischen bekannten und unbekannten Speisen unterscheiden; erst von diesem Zeitpunkt an gewinnt der Einfluss der Umgebung immer mehr an Bedeutung. Das nunmehr erlernte Ernährungsverhalten vollzieht sich in drei Prozessen: erst Lernen durch Ausprobieren, dann durch Vorbilder und schließlich notfalls durch körperliche Konsequenzen wie Übelkeit und Erbrechen.

EKEL

Dennoch können wir uns überwinden, auch unangenehm Schmeckendes hinunterzuwürgen, wenn wir uns davon einen Nutzen versprechen, wie es bei den bereits erwähnten Medikamenten der Fall ist. Dagegen ist es uns so gut wie unmöglich, gegen eine ebenfalls aus Urzeiten stammende Empfindung anzukämpfen: den Ekel. Dieser ist in den meisten Fällen stärker als jedes vernünftige Argument. Während viele Feinschmecker mit großem Vergnügen einen gegarten Hummer verzehren, schrecken sie allein bei dem Gedanken, eine auf dieselbe Weise zubereitete Küchenschabe zu verspeisen, angewidert zurück. Und das, obwohl es sich in beiden Fällen um gekochte Krabbeltiere aus dem Stamm der Gliederfüßler handelt. Der Ekel ist ein angeborener Schutzmechanismus, der uns vor verdorbenen Substanzen bewahrt. Zwar kennen kleine Babys noch keinen Abscheu gegen Unappetitliches und spielen, wenn man sie lässt, sogar hingebungsvoll mit ihren Exkrementen, dennoch ist das Ekelgefühl auch ihnen eigen, es prägt sich nur erst ein paar Jahre später aus, stellt also gleichsam ein genetisches Programm mit Zeitschaltuhr dar.

Schon Darwin wies darauf hin, dass der angeekelte Gesichtsausdruck bei allen Völkern der Erde identisch ist. In der Psychologie gilt das typische Ekelgesicht mit gerümpfter Nase, hochgezogener Oberlippe, offenem Mund und vielleicht sogar herausgestreckter Zunge neben Freude, Überraschung, Furcht, Trauer, Verachtung und Wut als universale Empfindung, die den Menschen überall auf der Welt so deutlich ins Gesicht geschrieben ist, dass sie von jedem anderen mühelos verstanden wird. Nach Ansicht des amerikanischen Psychologen Paul Rozin ist allen ekelerregenden Dingen eines gemeinsam: Sie erinnern uns intensiv an unsere tierische Herkunft und unsere Sterblichkeit. Das trifft nicht nur für verdorbene Speisen und faulige Substanzen zu, sondern auch für alles Schleimige, für unsere

Ausscheidungen und für all das, was wir mit Tod und Verfall assoziieren. Dass das Ekelgefühl stärker ist als unsere Vernunft, haben in die Wildnis verschlagene amerikanische Piloten während des Zweiten Weltkriegs bewiesen: Sie hungerten lieber, als dass sie sich dazu durchringen konnten, Frösche und Kröten zu verspeisen, von denen sie genau wussten, dass sie essbar waren.

Die meisten Menschen würden selbst dann nicht aus einem Uringefäß trinken, wenn es vorher penibel gereinigt und sterilisiert wurde, und sie würden keinen Saft schlucken, in den man vorher einen keimfreien Mistkäfer getaucht hatte. Während wir den Speichel in unserem Mund, den wir ja unentwegt hinunterschlucken, keinesfalls als eklig empfinden, möchte kaum jemand eine Suppe essen, in die er selbst hineingespuckt hat. Und auch keine, die mit einem nachweislich nagelneuen und absolut sauberen Kamm oder einer Fliegenklatsche umgerührt wurde. In einem von Paul Rozin angestellten Experiment weigerten sich Studenten standhaft, Schokoladenpudding zu verzehren, der in der typischen Form von Hundekot angerichtet war. Und das, obwohl sie einvernehmlich angaben, durchaus davon überzeugt zu sein, dass es sich um nichts anderes als um Schokoladenpudding handele.

Unser urzeitliches Ekelempfinden lässt sich schon allein durch Vorstellungen und Gedanken auslösen: Erzählt uns jemand, wir hätten soeben unbemerkt ein Insekt mitverspeist, vergeht uns schlagartig jeglicher Appetit. Und das allein deshalb, weil wir noch immer urzeitliche Gene in uns tragen, die unsere Vorfahren davor bewahren sollten, Krankheitserreger aufzunehmen. Die englische Ärztin Val Curtis konnte in einer Studie, bei der sie 40 000 Probanden alle möglichen Bilder vorlegte, zeigen, dass nahezu sämtliche Teilnehmer Ekel empfanden, wenn auf den Abbildungen irgendetwas zu sehen war, das als gesundheitsgefährdend gilt oder allgemein mit einer Krankheit assoziiert wird. Beim Anblick von grünlichem Schleim verzogen sich die Gesichter der Versuchspersonen erheblich mehr als beim Betrachten einer klaren, blauen Flüssigkeit, und eine eiternde Wunde stieß sie erkennbar heftiger ab als eine rötliche Verbrennung. Dass sich Frauen in der Regel erheblich schneller und intensiver ekeln als Männer, geht ebenfalls auf unsere genetische Ausstattung zurück: Schließlich trugen sie seit jeher die Hauptlast bei der Aufzucht der Kinder, für die krankmachende Keime besonders verhängnisvoll sein konnten und können.

Die Evolution hat unser Gehirn mit einem regelrechten Ekelzentrum ausgestattet, das von Geburt an vorhanden ist, sich aber erst im Lauf der kindlichen Entwicklung durch Erziehung und abscheuerregende Ereignisse immer stärker bemerkbar macht. Aufschlussreich sind in diesem Zusammenhang britische Studien an einem jungen Mann, bei dem infolge eines Schlaganfalls genau diejenige Hirnregion ausgefallen war, in der man den Sitz dieses Ekelzentrums vermutet. Dabei zeigte sich, dass der Patient nicht mehr in der Lage war, in den Gesichtern anderer Menschen einen Ausdruck tiefer Abscheu wahrzunehmen. Doch damit nicht genug: Offenbar war auch seine eigene »Fähigkeit«, sich zu ekeln, verschwunden. So ließen ihn beispielsweise Anblick und Geruch madendurchsetzten, faulenden Fleisches vollkommen kalt. Bei anderen untersuchten Gefühlsregungen zeigte der junge Mann dagegen keine erkennbaren Abweichungen gegenüber einem Gesunden.

IST MIR ÜBEL!

Wird der Ekel übermächtig, müssen wir uns übergeben. Auch dafür ist ein seit grauer Vorzeit in uns wirksames Programm verantwortlich, über das viele Tiere nicht verfügen. Evolutionsbiologen sehen im Erbrechen einen angeborenen Mechanismus, mit dem unser Körper sich gegen die Folgen maßloser Fressgier wehrt. Denn wir neigen nun einmal dazu, alles Essbare, sofern es uns mundet, in großen Mengen in uns hineinzustopfen. Nehmen wir dabei Substanzen auf, die von Rezeptoren im Verdauungssystem als giftig oder unverträglich identifiziert werden, so sondern diese unverzüglich Botenstoffe ab, die den sogenannten Vagusnerv reizen. Der leitet die alarmierende Botschaft sofort an das Brechzentrum im Gehirn weiter, das die komplizierten körperlichen, von heftigem Übelkeitsgefühl begleiteten Reaktionen in Gang setzt, an deren Ende sich der Magen wieder von seinem Inhalt befreit.

Nach Ansicht des Evolutionsbiologen Randolph Nesse steckt der tiefere Sinn von Übelkeit und Erbrechen darin, »uns davon abzuhalten, noch mehr von der giftigen Substanz zu uns zu nehmen, und die Erinnerung daran wird uns auch in Zukunft davor bewahren, ähnliche Dummheiten in Erwägung zu ziehen«. Ist der Abscheu gegen eine Speise, deren Genuss möglicherweise schon einmal heftiges Erbrechen ausgelöst hat, erst einmal fest verankert, können sämtliche Überzeugungsversuche nichts mehr dagegen ausrichten. Unser evolutionäres Erbe, das Ugur einstmals dazu veranlasst hat, bei der Wahrnehmung von Bitterem reflexartig auszuspucken und sich den Mund auszuspülen, kapituliert dann gewissermaßen vor dem Verstand. Wie es scheint, wollte die Natur unseren jagenden und sammelnden Urahnen mit dem Ekelgedächtnis nach dem Motto helfen: »Vergiss diese Früchte oder Pilze nie mehr. Die sind giftig!«

Dieser angeborene und unwiderstehliche Mechanismus führt dazu, dass wir eine schlechte Erfahrung, die wir einmal mit einer Speise gemacht haben, gleichsam automatisch auf denjenigen Bestandteil beziehen, der den für uns ungewöhnlichsten Geschmack hat. Wissenschaftler nennen dieses Phänomen »One Trial Learning«, zu Deutsch: »Lernen durch einen einzigen Versuch«. Und tatsächlich reicht ein einziger »kulinarischer Unfall« aus, um in uns einen dauerhaften, kaum bezwingbaren Widerwillen auszulösen. Berühmt wurde dieser Effekt durch den amerikanischen Psychologen Martin Seligman, dem einmal nach dem Genuss einer Mahlzeit mit Sauce béarnaise speiübel wurde. Zwar wurde später nachgewiesen, dass hieran gar nicht die Sauce schuld war und Seligman vermutlich unter einem Infekt litt, der sich beim Verzehr gerade der fraglichen Mahlzeit eher zufällig bemerkbar gemacht hatte, dennoch kam es ihm auch Jahre danach noch hoch, wenn er Sauce béarnaise nur irgendwo erblickte oder roch.

Wir haben demnach offenbar eine natürliche Abneigung gegen verdächtige Geschmacks- oder Geruchseindrücke, während das

Aroma einer Speise, die wir schon oft ohne unangenehme Nachwirkungen verzehrt haben, gegen derartige Aversionen weitgehend immun ist. Insofern sind unsere urzeitlichen Vorväter und -mütter dafür verantwortlich, dass das bekannte Sprichwort »Was der Bauer nicht kennt, das isst er nicht« für uns nach wir vor gültig ist. Auch wenn es verhindert, dass wir öfter mal etwas Neues ausprobieren, und uns auf diese Weise manches Genusserlebnis vorenthält.

ESSEN UND TRINKEN WIE IN DER STEINZEIT?

Sollen wir uns also so ernähren wie unsere steinzeitlichen Vorfahren? Sollen wir uns, um gesund zu bleiben, deren Speiseplan und Essgewohnheiten zum Vorbild nehmen? Nun, so einfach ist die Angelegenheit nicht. Aus der Tatsache, dass unsere Urahnen – der Not gehorchend – bestimmte Speisen und Getränke zu sich genommen haben und dass sie an diese Art der Ernährung offenbar gut angepasst waren, kann man selbst dann noch nicht die Folgerung ableiten, wir müssten heute dasselbe essen und trinken, wenn man weiß, dass wir genetisch gesehen noch immer Urmenschen sind. Ein solcher Schluss wäre genauso unrealistisch und töricht wie die Forderung, wir sollten, in Felle gehüllt, in kalten, zugigen Höhlen statt in unseren warmen Betten schlafen.

Zwar sind sich die Ernährungswissenschaftler weitgehend einig, dass es vielen von uns gut täte, sich im Hinblick auf unsere Ess- und Trinkgewohnheiten ein wenig mehr auf die steinzeitliche Realität zu besinnen, lieber einmal einen Fastentag einzulegen, als unentwegt Fettes und Süßes in uns hineinzustopfen, und uns vor allem öfter und intensiver zu bewegen. Dennoch wird niemand ernsthaft verlangen, dass wir uns allein von dem ernähren, was die Natur uns im Lauf eines Jahres an unterschiedlichen Produkten liefert. Das wäre allein schon deshalb vollkommen illusorisch, weil dann in unseren heutigen dicht bevölkerten Industriestaaten ein Großteil der Menschen schlichtweg verhungern müsste. Zum Glück können wir sowohl tierische als auch pflanzliche Nahrung gut verwerten, und wenn wir uns nicht ausgesprochen einseitig ernähren, versorgen wir unseren Körper ganz von selbst mit all dem, was er zum reibungslosen Funktionieren benötigt, nicht zuletzt mit ausreichend Mineralstoffen und Vitaminen.

Wir sollten deshalb allen angeblichen Experten, die uns weismachen wollen, wir könnten uns nur auf die eine oder andere Weise »richtig« ernähren, äußerst skeptisch gegenüberstehen. Sicher, mit etlichen der vielfältigen Ess- und Trinkempfehlungen fügen wir uns keinen Schaden zu, aber dass sie wirklich uns und nicht nur denen nutzen, die sie propagieren, ist fast immer fraglich oder zumindest unbewiesen. So haben bekennende Fleischesser das Problem, an ausreichend Vitamine zu kommen, während Vegetarier zusehen müssen, wie sie ihren Eiweiß- und Eisenbedarf decken. Wenn wir uns mäßigen, wenn wir auch einmal auf die eine oder andere Leckerei verzichten und unserer ebenfalls im Lauf der Evolution entstandenen Neigung nachgeben, möglichst abwechslungsreich zu essen und zu trinken, können wir, ein wenig mehr körperliche Aktivität vorausgesetzt, eigentlich nicht viel falsch machen.

KRANKHEIT UND LEID

Nach dem opulenten Fleischmahl macht sich bei den Steinzeitjägern eine ebenso lähmende wie wohltuende Müdigkeit breit. Die Anstrengungen der letzten Tage bei der Verfolgung und Erlegung des Mammuts haben die Männer bis an den Rand der Erschöpfung getrieben. Daher zeugt kurz darauf gleichförmiges Schnarchen davon, dass außer dem zur Wache eingeteilten Jäger alle anderen tief und fest schlafen. Und während der jeweilige Wächter dafür sorgt, dass das Lagerfeuer weiter lodert und mit seinen Flammen wilde, das Mammutfleisch witternde Tiere, die vielleicht in der Umgebung umherschleichen, von einem Angriff abhält, geht der Tag in den Abend und der Abend in die Nacht über. Erst als die Sonne wieder am Himmel emporklettert, erwachen die Männer einer nach dem anderen, reinigen und erfrischen sich an dem Wasserlauf, in dem das Mammut zusammengebrochen ist, und schlagen sich zum Frühstück noch einmal die Bäuche mit knusprigem Braten voll.

Anschließend versammeln sie sich um das Feuer. Einige stehen, andere hocken auf Baustämmen, wieder andere kauern in gebückter Stellung mit unter den Körper gezogenen Beinen auf dem Boden. Ugur weist jedem von ihnen einen Teil des noch immer gewaltigen Mammuts zu, das ins weit entfernte Lager zu tragen ist. Dann brechen sie auf. Sorgfältig trampeln sie das Feuer aus und schütten sicherheitshalber so viel Wasser darauf, dass nur noch schwacher

Rauch hochsteigt, aber nirgendwo mehr eine Spur von Glut zu sehen ist. In einer langen Kette mit Ugur an der Spitze marschieren sie los.

Sie sind noch keine halbe Stunde unterwegs, als sich der Himmel verdunkelt und ein Platzregen auf sie niedergeht, der einige von ihnen bis auf die Haut durchnässt. Trotz der schweren Last beschleunigen sie ihr Tempo, verfallen bisweilen sogar in einen Laufschritt und versuchen so, Nässe und Kälte zu trotzen. Doch kurz darauf ist das Unwetter, wie zwei Tage zuvor das Gewitter, schon wieder vorbei, und bald heizt ihnen die Sonne dermaßen ein, dass sie rasch wieder abtrocknen und jetzt sogar anfangen, heftig zu schwitzen. Wie dichter Nebel hüllt der von ihren Körpern aufsteigende Dampf sie ein. Der nachgiebige Untergrund des Waldes weicht kurz darauf felsigem Gelände mit ausgedehnten Geröllfeldern, das den Männern ihre ganze Konzentration abverlangt. Behutsam setzen sie Schritt vor Schritt, rutschen auf dem lockeren Untergrund aber immer wieder aus, und zwei Jäger stürzen sogar mitsamt ihren Mammutteilen zu Boden. Glücklicherweise verletzen sie sich nicht und können, um ein paar Schürfwunden reicher, den Weg fortsetzen.

Plötzlich ein Schrei, ein gellendes Kreischen! Die Männer zucken zusammen und umklammern ihre Fleisch-, Fell- und Knochenrationen fester. Ihre Herzen rasen, ihre Beine zittern und Schweiß bricht ihnen aus allen Poren. Einige greifen zum Speer, um sich dem vermeintlichen Angreifer entgegenzustellen. Doch es ist nur ein Adler, der wohl seinen nahen Horst gegen die Eindringlinge verteidigen will. Zwei-, dreimal setzt er zu einer Scheinattacke an, dann schraubt er sich krächzend in die Höhe. Ugur blickt sich um. Alles in Ordnung?, fragt sein Blick.

Die Männer nicken, stecken ihre Speere wieder zurück und marschieren stumm weiter. Drei bis vier Tage wird ihr Marsch dauern, das ist ihnen klar. Drei bis vier Tage abwechselnd Sonne, Regen und Wind, schwüle Hitze und nächtliche Kälte, durch finstere Wälder, über weite Flächen und kantige Felsen, durch Bäche und grundlosen Morast. Zum Glück haben sie reichlich zu essen bei sich, sodass sie sich abends, am Lagerfeuer, rasch von den Strapazen des Tagesmarsches erholen können. Dann, am vierten Tag nach dem Aufbruch aus dem Tal, in dem das Mammut den Tod gefunden hat, erkennen sie auf einer entfernten Anhöhe die fadenförmigen Rauchsäulen, die aus den Behausungen ihres Lagers emporsteigen. Drei Stunden später sind sie am Ziel.

SITZENDE GESELLSCHAFT

Derlei Gewaltmärsche – bei Wind und Wetter schwer bepackt durch unwegsames Gelände – muss heute nur noch auf sich nehmen, wer freiwillig die Herausforderung sucht. Alle anderen packen schwere Lasten, die sie irgendwo hinzubringen haben, ins Auto und transportieren sie bequem und mühelos an den Bestimmungsort. Doch diese Bequemlichkeit, dieser Mangel an Bewegung, verbunden mit reichlichem Essen und Trinken, hat ihren Preis. Über die bereits erwähnten Folgen für Herz und Kreislauf hinaus ist unsere moderne, überwiegend sitzende Lebensweise – darüber sind sich die Mediziner einig – Gift für unseren Bewegungsapparat und insbesondere für unsere Wirbelsäule. »Wir sind eine Nation von Sitzern geworden«, mahnt Marianne Koch, Präsidentin der Deutschen Schmerzliga. »Ein typischer Tagesablauf sieht so aus: Wir sitzen am Frühstückstisch, dann im Bus, in der Bahn oder im Auto. Anschließend sitzen wir am Arbeitsplatz, danach in der Kantine, dann wieder am Arbeitsplatz und am Abend vor dem Fernseher. Dadurch werden die Strukturen der Wirbelsäule immer anfälliger.«

Biologisch gesehen ist der Mensch das einzige Tier, das sich nur auf den Hinterbeinen fortbewegt, und an diese außergewöhnliche Art zu stehen und zu gehen sind unsere Knochen, Gelenke und Muskeln noch längst nicht vollkommen angepasst. Die drei bis vier Millionen Jahre, die die Evolution Zeit hatte, unser Rückgrat für den zweibeinigen Gang – zweifellos die zweckmäßigste und am wenigsten anstrengende Art der Fortbewegung – zu optimieren, haben einfach nicht ausgereicht. Statt das Körpergewicht in der Waagerechten gleichmäßig auf Ober- und Unterkörper zu verteilen, knickt unsere Wirbelsäule beim aufrechten Stehen und Gehen über dem Kreuzbein in die Senkrechte ab und muss nicht nur das Gewicht unseres Oberkörpers, sondern dazu auch noch das der Arme und des Kopfes tragen. Da verwundert es nicht, dass oberhalb des Knicks, im unteren Lendenwirbelbereich, 60 Prozent aller Bandscheibenschäden passieren. Und was unsere Füße angeht, so gehen Schätzungen sogar davon aus, dass sie bei fast 90 Prozent der Erwachsenen und immerhin schon der Hälfte der Grundschulkinder dauerhaft verformt sind. Von diesen Fehlbildungen sind jedoch gerade mal ein bis zwei Prozent angeboren, das heißt, der ganz überwiegende Teil entsteht erst im Lauf unseres Lebens – infolge eines Missverhältnisses zwischen dem Bau unseres Bewegungsapparats und dem, was wir damit machen. Wenn aber die Füße nicht mehr so funktionieren, wie sie sollen, läuft eine Kettenreaktion ab. Wenn Sehnen, Muskeln und Gelenke von Beinen und Rücken falsch, das heißt nicht ihrer Konstruktion entsprechend, belastet werden, reagieren sie verständlicherweise mit chronischen Schmerzen.

Fatal ist in diesem Zusammenhang eine bereits mehrfach angesprochene charakteristische Eigenschaft der Evolution: Sie ist außerstande, einen von Grund auf neuen Körperbau hervorzubringen, kann also bereits Bestehendes nur umgestalten und im Idealfall geringfügig verbessern. Deshalb hatten mit Sicherheit auch schon unsere steinzeitlichen Vorfahren hin und wieder unter Kreuzweh und anderen Schmerzen des Bewegungsapparats zu leiden. Dass sich das Problem bei uns in massiv verstärkter Form zeigt, liegt daran, dass wir viel mehr sitzen als gehen, laufen oder gar rennen und – diese Erkenntnis setzt sich allmählich sogar bei Eltern durch – der Befehl »Sitz gerade!« für Kinder alles andere als förderlich ist. Chronische Rückenschmerzen, in den modernen Industrienationen längst zum Volksleiden geworden, sprechen eine deutliche Sprache.

Der Biomechaniker Hans-Joachim Wilke von der Universität Ulm hat die Belastungen gemessen, denen die Bandscheiben bei verschiedenen Sitzpositionen ausgesetzt sind, und dabei festgestellt, dass neben der nach vorne gebeugten Haltung ausgerechnet die von vielen Rückenschulen empfohlene aufrechte Stellung den größten

Druck aufbaut. Dagegen bedeutet abgestütztes, lässiges Sitzen für die Wirbelsäule weitaus weniger Stress. Die geringste Belastung maßen die Wissenschaftler beim Zurücklehnen mit durchhängendem Rücken. Auch als sie die Probanden auf verschiedene Stühle – darunter angeblich besonders rückenfreundliche – setzten, änderte sich an den Messergebnissen nichts.

Der Schluss, der sich daraus ziehen lässt, ist folgender: Weder krummes noch aufrechtes Sitzen ist auf Dauer empfehlenswert; aber wenn wir schon gezwungen sind, längere Zeit auf einem Stuhl auszuharren, sollten wir mehr »lümmeln«, das heißt, unsere Sitzhaltung häufig ändern. So wie Ugur und Kumpane bei der morgendlichen Besprechung: Sie hockten auf allen möglichen Unterlagen und Schemeln, kauerten, zogen die Beine unter den Körper und streckten sie gleich darauf wieder weit von sich. Sie stützten sich mit den Händen nach hinten ab und verschränkten die Arme vor der Brust. So dürften Rückenschmerzen bei ihnen kaum ein Thema gewesen sein und genausowenig Bandscheibenvorfälle, deren massenhaftes Auftreten in unserer heutigen Gesellschaft ebenfalls in erster Linie auf zu wenig Bewegung beruht. Die auch »Zwischenwirbelscheiben« genannten Gallertpolster sitzen, wie der Name schon sagt, zwischen den einzelnen knöchernen Bestandteilen unserer Wirbelsäule und haben die Aufgabe, deren Bewegung gegeneinander möglichst reibungs- und schmerzlos zu gewährleisten. Bei jeder körperlichen Tätigkeit werden die stoßdämpferähnlichen Kissen zusammen- und damit ausgepresst, und wenn sie sich wieder entspannen, saugen sie sich mit Nährstoffen voll – viele tausend Mal täglich.

Die Bandscheiben sind also auf Bewegung geradezu angewiesen – nur durch vernünftig betriebene sportliche Aktivität werden sie massiert und geschmeidig gehalten. Im Grunde ist es wie mit einem Motor: Nicht beim Laufen geht er kaputt, sondern beim Stehen, nicht infolge ständiger Funktion, sondern beim Nichtstun. Auch wenn es uns nicht gefällt: Für unsere moderne Lebensweise und ganz besonders für ständiges gerades Sitzen mit durchgedrücktem Kreuz hat die Evolution unsere Bandscheiben nun einmal nicht gemacht.

Ein ähnliches, nach Ansicht vieler Orthopäden durch unsere bequeme Lebensweise bedingtes Leiden ist der sogenannte Fersensporn, ein kleiner Knochenauswuchs am größten Fußknochen, dem Fersenbein. Dieses ist mit den Mittelfußknochen durch kleine, wie eine Feder wirkende Muskeln verbunden, die unserer Fußsohle ihre Wölbung verleihen – und die verkümmern, wenn wir zuviel und noch dazu falsch sitzen. Die Folge sind entzündliche Veränderungen an der Verbindung zwischen Knochen und Muskeln sowie feine Einrisse in der überlasteten Sehnenplatte unter der Fußsohle. Wie bei einem gebrochenen Knochen lagert der Körper Kalk ab, um die Sehnenrisse zu heilen, und diese Einlagerungen führen schließlich dazu, dass sich ein solcher überaus schmerzhafter Sporn bildet. Neuere Erkenntnisse, wonach physiotherapeutische Übungen mit gezielter Streckung der Fußsohle sowie eine kauernde, die betroffenen Muskeln dehnende Sitzweise der Knochenwucherung entgegenwirken, unterstützen diese Hypothese.

GEFÜHLTES WETTER

Eine ganz andere, aber nicht minder unangenehme Gesundheitsstörung, die vielen Zeitgenossen zu schaffen macht, ist die Wetterfühligkeit. Meyers Großes Taschenlexikon definiert das Krankheitsbild als »Beeinflussbarkeit von Allgemeinbefinden, Stimmung und Leistungsfähigkeit durch Witterungserscheinungen, zum Beispiel Föhn«. Neueren Untersuchungen zufolge ist davon etwa ein Drittel der mitteleuropäischen Bevölkerung betroffen; vor allem Menschen, die ohnehin unter Kreislaufstörungen leiden. Je nach Grad der Ausprägung unterscheidet man zwischen der einfachen Wetterreaktion, also besonders ausgeprägtem Schwitzen oder Frieren; der Wetterfühligkeit im eigentlichen Sinne mit Müdigkeit und Reizbarkeit sowie messbaren Blutdruckschwankungen, und schließlich der als wirkliche Krankheit einzustufenden Wetterempfindlichkeit mit deutlichen Kopf-, Narben- und Amputationsschmerzen sowie rheumaähnlichen Symptomen. Gemeinsam ist den drei Formen, unter denen viel mehr Frauen als Männern leiden, dass ein Arzt auch bei gründlicher Untersuchung nur

sehr selten irgendwelche körperlichen Ursachen feststellen kann.
Auch ist nicht geklärt, durch welche meteorologischen Phänomene –
Luftdruck- und Temperaturschwankungen oder elektromagnetische
Erscheinungen – die Störungen des Wohlbefindens ausgelöst werden.
Wetterfühligkeit gilt zwar keineswegs als echte Zivilisations-
krankheit, dennoch spielt sie heutzutage eine weitaus größere Rolle
als früher. So konnten französische Wissenschaftler nachweisen,
dass Temperatur- und Luftdruckschwankungen das Herzinfarktri-
siko erhöhen. Als sie die Infarktdaten der letzten zehn Jahre mit den
Aufzeichnungen des jeweils herrschenden Wetters verglichen, stellten sie fest, dass immer dann, wenn das Thermometer um mehr als
zehn Grad gefallen war, das Infarktrisiko um fast 15 Prozent nach
oben schnellte. Ebenso deutlich erhöhte sich die Infarktrate, wenn der
Luftdruck um mehr als zehn Hektopascal stieg. Und kanadische Forscher wiesen einen Zusammenhang zwischen bestimmten warmen
Winden und der Häufigkeit von Migräne-Attacken nach.

Warum wetterbedingte Gesundheitsstörungen in den letzten Jahren und Jahrzehnten immer mehr zugenommen haben, kann man
nur vermuten: Eine entscheidende Rolle spielen dabei wohl unsere
modernen Lebensumstände. Geschlossene Räume, die das ganze Jahr
über auf angenehme 22 Grad klimatisiert sind, lassen die wetterbedingte Anpassungsfähigkeit des Organismus verkümmern. Über-
spitzt könnte man sagen, dass derjenige, der sich dem Wetter nicht
aussetzt, auch nicht erwarten kann, dass sein Körper lernt, damit umzugehen. Diese Vermutung wird durch die Beobachtung unterstützt,
dass Stadtbewohner, die sich eher selten im Freien aufhalten, weitaus
häufiger unter Wetterfühligkeit leiden als Menschen, die in ländlichen
Gegenden wohnen. Bei den Betroffenen hat das vegetative Nervensystem offenbar seine Fähigkeit eingebüßt, auf elektromagnetische
Veränderungen und Luftdruckschwankungen, die mit Klimaum-
schwüngen einhergehen, angemessen zu reagieren. Statt die körper-
eigenen Regulationsmechanismen anzukurbeln, spielt es verrückt
und lässt beispielsweise den Blutdruck absinken, sodass mitunter
massive Kreislaufstörungen die Folge sind.

Deshalb scheint gegen Wetterfühligkeit besser als jedes Medikament eine Hinwendung zu ursprünglichen oder, wie man heute gerne sagt: naturgemäßen Lebensformen zu helfen. Wer sich bemüht, übermäßige Aufregungen zu vermeiden, sich natürlich ernährt und auf Genussgifte weitgehend verzichtet, ist auf dem richtigen Weg. Wenn er sich dann noch wie unsere urzeitlichen Vorfahren viel an der frischen Luft bewegt, wenn er auch bei Sturm, Regen, Schnee und Wind hinaus ins Freie geht und seinen Körper jedweder Witterung aussetzt, statt sich in der zentralgeheizten Wohnung zu verkriechen, hat er gute Chancen, seiner Beschwerden Herr zu werden und widrigen klimatischen Einflüssen erfolgreich zu trotzen.

FLECKEN AUF DER HAUT

Unsere Vorliebe für ein Leben in geschlossenen Räumen ist nach Meinung von Evolutionsbiologen auch die Ursache für die besorgniserregende Zunahme von Melanomen, einer Krebsform, die sich in dunklen Flecken auf der Haut zeigt. Vor allem bei hellhäutigen Menschen, die leicht einen Sonnenbrand bekommen, nimmt die Erkrankungsrate Jahr für Jahr um etwa sieben Prozent zu, eine wahrhaft alarmierende Zahl! Denn die Melanom-Entstehung ist eng mit der Häufigkeit von Sonnenbränden korreliert. Starkes Sonnenlicht verändert die Erbsubstanz der Pigmentzellen in der Haut und löst so das zerstörerische Zellwachstum aus. Den Beweis für diesen Zusammenhang erbrachte eine groß angelegte Untersuchung in der australischen Provinz Queensland, wo das tückische Melanom weltweit am häufigsten vorkommt. Unter anderem zeigte diese Studie, dass Kinder, deren Haut schon einmal durch einen Sonnenbrand geschädigt worden war, ein mehr als doppelt so hohes Risiko aufwiesen, ein Melanom zu bekommen, als Kinder ohne Sonnenbrand.

Da sollte man doch eigentlich vermuten, dass wir weniger gefährdet wären, an Hautkrebs zu erkranken, als unsere urzeitlichen Vorfahren, die ja fast das ganze Jahr über im Freien lebten und arbeiteten. Doch nach Ansicht des Evolutionsmediziners Randolph Nesse liegt der Grund für die massive Zunahme an Melanomen weniger in der absoluten Aufenthaltsdauer im Freien als vielmehr in unserem neuartigen Belastungsmuster durch die Sonnenstrahlen. Die meiste Zeit leben wir in geschlossenen Räumen und setzen uns allenfalls am Wochenende oder im Urlaub den UV-Strahlen aus. Klar, dass wir dann – vor allem im Sommer, aber auch an sonnigen Wintertagen – besonders gefährdet sind, uns die Haut zu verbrennen. Würden wir wie die Steinzeitmenschen Tag für Tag viele Stunden unter freiem Himmel verbringen, könnte sich unser Organismus der klimatischen Belastung wesentlich besser anpassen, und das Risiko eines Sonnenbrandes – wie gesagt: häufige Vorstufe eines Melanoms – wäre entsprechend gering. Es kommt also gar nicht so sehr auf die Gesamtzeit an, die wir in der Sonne verbringen, als vielmehr auf die Regelmäßigkeit. In der Tat entwickeln Menschen, die sich berufsbedingt einen Großteil ihrer Zeit in der freien Natur aufhalten, deutlich weniger Melanome als Stubenhocker, die die Sonne nur selten, dann aber mit Macht auf ihre Haut loslassen.

DAS DILEMMA DER MODERNEN FRAUEN

Eine weitere Krebsform, deren Zunahme sich zumindest teilweise auf unsere moderne Lebensweise zurückführen lässt, ist der Brustkrebs – bei Frauen die häufigste Form bösartiger Tumoren. Großflächige statistische Erhebungen haben nämlich ergeben, dass diejenigen Frauen ein besonders hohes Risiko eingehen, an Brustkrebs zu erkranken, die frühzeitig ihre erste oder sehr spät ihre letzte Menstruation bekommen, die kinderlos bleiben und daher nie ein Baby stillen oder die bei der Geburt des ersten Kindes älter als 30 sind.

All das kam bei den urzeitlichen Frauen so gut wie nie vor. Was die Menstruation angeht, so liegt der Zeitpunkt der ersten Regelblutung und damit des Beginns der Geschlechtsreife heute knapp unter 12 Jahren. Noch vor vier Generationen, also um 1900, trat dieses Ereignis wesentlich später ein, nämlich etwa um das 15. Lebensjahr. Offenbar verfügt der weibliche Körper über einen anpassungsfähigen Steuerungsmechanismus, der erkennt, ab wann eine Schwangerschaft möglich und sinnvoll ist. Sind die Lebensbedingungen der Frau gut, steht ihr ausreichend Nahrung zur Verfügung und muss ihr Immunsystem sich nicht ständig mit schwächenden Infektionskrankheiten herumschlagen, so sind die Voraussetzungen, das erste Kind zu bekommen, günstig. Liegen diese Bedingungen jedoch nicht vor, wie es vor 100 Jahren und in noch weitaus höherem Maße in der Steinzeit die Norm war, so sorgt der weibliche Organismus dafür, dass die Frau nicht zu früh empfängnisbereit wird. Weil die Steinzeitfrauen weniger gut genährt waren als ihre heutigen Geschlechtsgenossinnen und zudem wesentlich stärker unter zehrenden Parasiten zu leiden hatten, wurden sie mit Sicherheit viel später geschlechtsreif, und ihre Wechseljahre setzten weitaus früher ein – schlechte Bedingungen für Brustkrebs.

Hier liegt wohl auch der Grund dafür, dass bösartige Tumoren der weiblichen Brust bei Nomadenvölkern, deren Mädchen in der Regel schon kurz nach der Pubertät schwanger werden und fast das ganze Leben lang Kinder bekommen, die sie anschließend viele Monate lang stillen, auch heute noch ausgesprochen selten sind. Da die Lebensweise dieser Frauen weitgehend derjenigen unserer weiblichen Urahnen ähnelt, vermutet man, dass die hormonellen Umstellungen während einer Schwangerschaft möglicherweise den ständig aktiven Abwehrmechanismus gegen Brustkrebs unterstützen. Dieser Schutz ist demnach in den modernen Industriestaaten, in denen die Frauen, wenn überhaupt, erst verhältnismäßig spät Kinder bekommen, weitgehend verlorengegangen.

Die Menge der Menstruationszyklen, die eine Frau im Lauf ihres Lebens durchmacht, hat überdies einen entscheidenden Einfluss auf Krebserkrankungen der Geschlechtsorgane, wie Untersuchungen belegt haben. Eine Steinzeitfrau, die vielleicht mit 17 zum ersten Mal und danach noch etliche Male schwanger wurde, erlebte bis zur letzten Regelblutung, der Menopause, kaum mehr als etwa 150 Zyklen. Dagegen sind es bei den heutigen Frauen oft mehr als dreimal so viele. Jeder Menstruationszyklus geht aber mit erheblichen Hormonschwankungen einher, die umfangreiche zelluläre Umbauvorgänge in den Eierstöcken und der Gebärmutter auslösen. Diese Gewebsreaktionen, die

128 KRANKHEIT UND LEID

den weiblichen Organismus jedes Mal auf eine mögliche Schwangerschaft vorbereiten, haben, wie andere körperliche Anpassungen auch, ihren Preis. Denn dort, wo die Gewebe bestimmter Organe sich immer wieder auf veränderte Gegebenheiten einstellen müssen, wächst die Gefahr, dass eine solche Reaktion einmal aus dem Ruder läuft, dass die Zellen entarten und unkontrolliert zu wuchern beginnen. Damit zeigt sich wieder einmal, dass jeder adaptive Mechanismus, der unter anderen Bedingungen abläuft als denjenigen, an die unser Körper seit Urzeiten gewöhnt ist, das Risiko nachteiliger Folgen massiv erhöht.

Allerdings nützen diese Erkenntnisse den modernen Frauen nur insofern, als sie vielleicht darüber nachdenken sollten, ob sie ihre Babys nicht besser früher bekommen. Ihnen zu raten, ihre körperliche Entwicklung bewusst durch eine entsprechend karge Ernährung zu verzögern, oder sie dazu anzuhalten, möglichst bald nach ihrer ersten Menstruation schwanger zu werden, um dann ein Kind nach dem anderen zu bekommen und ausgiebig zu stillen, wäre ebenso töricht wie undurchführbar. Deshalb schlägt der amerikanische Mediziner und Anthropologe Boyd Eaton vor, erst einmal intensive Forschungen über die Frage anzustellen, ob eine naturgemäßere, »steinzeitlichere« Lebensform tatsächlich die Wahrscheinlichkeit für Tumoren der weiblichen Geschlechtsorgane reduziert. Vielleicht ergeben sich aus diesen Studien ja praktikable Verfahren, die Krebsrate zu verringern, wobei allerdings zu befürchten ist, dass dies nur mit Hormongaben gelingt, die ihrerseits bekanntermaßen auch wieder beträchtliche Nebenwirkungen haben können.

ÜBLE SCHWANGERSCHAFT

Weil wir gerade bei typischen Frauenleiden sind – es gibt noch eine weitere, die wahrscheinlich ebenfalls auf unsere urzeitliche Vergangenheit zurückzuführen ist: das allseits bekannte, aber deshalb von den Betroffenen nicht minder gefürchtete Schwangerschaftserbrechen. Die Evolutionsbiologin Margie Profet aus Seattle in den USA vertritt die Ansicht, dass die Übelkeit und der morgendliche Brechreiz, der vielen Frauen vor allem zu Beginn der Schwangerschaft zu schaffen macht, ihre Ursache nicht, wie früher vielfach propagiert, in der hormonellen Umstellung, sondern in entwicklungsgeschichtlich bedingten Abwehrvorgängen zum Schutz des sich im Mutterleib entwickelnden Embryos haben. »Schwangerschaftsübelkeit ist ein Schutzmechanismus, der den Embryo vor Giftstoffen in der Nahrung der Mutter schützt«, erklärt Profet. »Das wiederholte Verlieren kostbarer Nährstoffe durch Erbrechen muss einen wirklich guten Grund gehabt haben, sonst wäre dieser Mechanismus kaum über die Jahrtausende erhalten geblieben.«

Zu dieser Theorie passt die Beobachtung, dass viele Frauen in den ersten Schwangerschaftsmonaten eine starke Abneigung gegen bitter und scharf schmeckende Gemüsearten wie Knoblauch, Grünkohl, Zwiebeln und Brokkoli, aber auch gegen Kaffee haben. Die Pflanzen, von denen diese Nahrungs- und Genussmittel stammen, enthalten nämlich häufig geringe Mengen von Giftstoffen, mit denen sie sich in der freien Natur vor Schadinsekten und Fressfeinden schützen. Möglicherweise schaden diese Substanzen einem ungeborenen Kind in der heiklen Frühphase seiner Entwicklung, wenn sich die Organe bilden, wohingegen ein Erwachsener Enzyme besitzt, die das Gift abbauen und damit unschädlich machen.

Übelkeit und Erbrechen – ausgelöst durch eine besonders sensible Justierung der Geschmacks- und Geruchszentren im Gehirn – dienen einer werdenden Mutter demnach dazu, derartige Schadstoffe zu meiden oder sie gegebenenfalls rasch wieder loszuwerden. Während einige Fachleute diese Vorstellung als unbewiesen ablehnen, gehen andere – so die Evolutionsbiologen Samuel Flaxman und Paul Sherman von der amerikanischen Universität Cornell – sogar noch weiter: Sie vermuten, dass durch die morgendliche Übelkeit und den Brechreiz zu Beginn einer Schwangerschaft nicht nur der Embryo, sondern auch die werdende Mutter selbst geschützt wird.

Tatsächlich arbeitet das Immunsystem einer schwangeren Frau zunächst auf Sparflamme, um die Einnistung des Keimes, der ja grundsätzlich kein körpereigenes Gewebe darstellt, zu unterstützen.

Der Nachteil ist, dass der werdenden Mutter dadurch krank machende Bakterien und Viren leichter etwas anhaben können als anderen Frauen – mit der Folge, dass sie ständig erbrechen muss, um diese Keime wieder loszuwerden. Somit stellt die anfängliche Übelkeit für die Schwangere eine Art Sicherheitsschranke dar, die ihr selbst und damit auch ihrem Baby zugute kommt. Dazu meint der Züricher Gynäkologe Pierre Villars: »Diese Theorie klingt logisch und lässt sich gut nachvollziehen. Ein solcher Schutzmechanismus spielte früher, als die Lebensmittel noch nicht gekühlt gelagert und unter den modernen Hygienestandards zubereitet wurden, wohl eine noch wichtigere Rolle als heute.«

In der Tat haben Untersuchungen gezeigt, dass Frauen, die zu Beginn einer Schwangerschaft weder an Unwohlsein noch an Erbrechen leiden, zwei- bis dreimal häufiger Fehlgeburten erleiden als diejenigen, denen in dieser Zeit oft speiübel ist. Ist die sensible Frühphase erst einmal überwunden, können die schwachen Toxine dem Kind nichts mehr anhaben, und prompt lässt auch der dadurch verursachte Brechreiz nach. Das kann sogar so weit gehen, dass die werdende Mutter nun geradezu einen Heißhunger auf Scharfes, Bitteres oder besonders Würziges entwickelt und mit Vorliebe Salzheringe und Knoblauchbaguettes verspeist. Vielleicht handelt es sich dabei ebenfalls um eine genetisch angelegte Reaktion, mit der die Natur dafür sorgt, dass das Baby jetzt diejenigen Nährstoffe nachgeliefert bekommt, die ihm im Frühstadium der Schwangerschaft hätten gefährlich werden können.

WENN SICH FRAUEN KRANK HUNGERN

Schließlich machen die Evolutionsbiologen die Tatsache, dass wir von unseren Anlagen her nach wie vor Steinzeitmenschen sind, noch für eine weitere, fast ausschließlich Frauen befallende Erkrankung verantwortlich: die Magersucht. Obwohl die Betroffenen ganz genau wissen, dass sie sich schaden, hungern sie so lange, bis sie fast nur noch Haut und Knochen sind. Nicht einmal die Hälfte von ihnen wird wieder völlig gesund, und jede zehnte Magersüchtige stirbt an Unterernährung oder begeht Selbstmord. In einem viel beachteten Aufsatz, der im Fachblatt *Psychological Review* veröffentlicht wurde, vertritt die amerikanische Psychologin Shan Guisinger die Ansicht, die Ursache sei in periodisch wiederkehrenden Hungersnöten unserer urzeitlichen Vorfahren zu suchen. Diese hätten auf die massiv eingeschränkte Nahrungszufuhr normalerweise mit einer Verringerung ihrer körperlichen Aktivitäten bis hin zur vollkommenen Lethargie reagiert, um so lange Energie zu sparen, bis es wieder mehr zu essen gab; und wenn sich die Situation nicht gebessert habe, seien sie eben verhungert. Doch einige – aus deren Verhalten sich die Magersucht entwickelt habe – hätten sich, von einer genetischen Variante gesteuert, aufgemacht, um ihr Leben zu retten und anderswo nach Nahrung zu suchen. Dadurch hätten sie auf die Hungersnot gerade umgekehrt reagiert als die Mehrzahl ihrer Artgenossinnen, indem sie nämlich ihre Aktivität erhöhten, anstatt sie zu drosseln.

Zu dieser Theorie passt die merkwürdige und sonst nicht zu erklärende erregte Stimmung vieler Magersüchtiger. Außerdem entdeckten amerikanische Genetiker bei der Suche nach einer erblichen Veranlagung für die gefährliche Essstörung bei Betroffenen eine Veränderung von Genen, die die Produktion derjenigen Antennenmoleküle im Gehirn steuern, die auf körpereigene Botenstoffe mit einem euphorischen Gefühl reagieren. Auch im Tierreich finden sich Belege dafür, dass ein uraltes biologisches Programm für die Magersucht verantwortlich sein könnte: Ratten, denen man von Tag zu Tag immer weniger zu fressen gibt, verringern nicht etwa ihre körperliche Aktivität, sondern steigern sie umso mehr, je hungriger sie werden. Anstatt die wenige Nahrung, die ihnen angeboten wird, gierig zu fressen, rennen sie so lange herum, bis sie vollkommen entkräftet zusammenbrechen. Für die Ansicht von Shan Guisinger spricht ferner die erstaunliche Beobachtung von Hilfskräften nach dem Zweiten Weltkrieg: Immer wieder stießen sie auf Frauen, die, obwohl sie nahe am Verhungern waren, keinen Appetit, dafür aber einen großen Bewegungsdrang verspürten.

Doch selbst wenn die Theorie sich eines Tages als nicht stichhaltig erweisen sollte, hat sie doch schon heute einen äußerst positiven Effekt: Magersüchtige Frauen, denen Guisinger in ihrer Funktion als Therapeutin erklärt, an ihrem Leiden sei ein uraltes, einstmals lebensrettendes Programm schuld, reagieren darauf oftmals mit großer Erleichterung. Plötzlich sehen sie einen Sinn darin, dass sie sich trotz ihres Wissens um die Gefährlichkeit der Essstörung nicht krank fühlen. Und im Idealfall wird ihnen klar, dass es keinen Sinn ergibt, sich wie eine Steinzeitfrau zu verhalten, und dass es klüger wäre, trotz fehlenden Appetits regelmäßig zu essen und wieder zuzunehmen.

ALLES GRAU IN GRAU

Lebensrettend war für unsere Vorfahren vermutlich auch die Fähigkeit, sich nach einer erlittenen Niederlage zurückzuziehen und die Sache erst einmal auf sich beruhen zu lassen, anstatt sofort wieder aktiv zu werden und das Risiko noch schlimmerer Folgen bis hin zum Tod einzugehen. Jedenfalls liegt in diesem Mechanismus nach Ansicht führender Evolutionstheoretiker die tiefere Ursache eines verbreiteten und oftmals fälschlich als modern bezeichneten Leidens: der Depression. Rund vier Millionen Deutsche leiden zumindest zeitweise unter den typischen Symptomen: Sie ziehen sich in sich selbst zurück, gehen Begegnungen mit Freunden und Bekannten aus dem Weg, verbringen viele Stunden in grüblerischer Resignation und können sich an nichts erfreuen. Sie sind von einer tiefen Traurigkeit befallen und sehen alles grau in grau. Vor allem aber fühlen sie eine unendliche Leere, verbunden mit grundlosem Ärger, Feindseligkeit gegen sich selbst, Angst, Schuld und Scham. Sie haben zu nichts Lust und an nichts Interesse, zweifeln am Sinn des Lebens und spielen nicht selten sogar mit Selbstmordgedanken.

Dem bereits mehrfach erwähnten Evolutionsmediziner Randolph Nesse zufolge handelt es sich dabei ursprünglich um »Energiesparmodelle« der Seele. »Eine Depression stellt sicher, dass wir unsere Energie nicht an Dinge verschwenden, die es nicht wert sind«, schreibt er in seinem Buch »Warum wir krank werden«. »Sie schützt uns davor, dass wir uns für etwas, was uns nicht gut tut, auspowern. Und sie erzwingt durch zeitweiliges emotionales Erstarren den Raum für Regeneration, Nachdenken und Neuorientierung.« Demnach verhalf die Niedergeschlagenheit unseren steinzeitlichen Urahnen nach einem Verlust oder einer Niederlage zu einer Phase der Besinnung und Erholung und schließlich dazu, sich in ihrem sozialen Umfeld neu zu orientieren. So bekamen sie Gelegenheit, die Hoffnungslosigkeit der Situation zu erkennen, das Problem noch einmal in Ruhe zu überdenken und vielleicht eine bessere Lösungsstrategie zu entwickeln.

Tatsächlich wissen Therapeuten seit langem, dass ein Großteil der Depressionen sich nach und nach löst, wenn die Betroffenen erst einmal einsehen, dass das gesteckte Ziel auf dem vorgesehenen Weg nicht zu erreichen ist, und ihre Energien in eine andere, erfolgversprechendere Richtung lenken. Ja, es gibt sogar die Theorie, dass sich viele scheinbar glückliche Menschen selbst etwas vormachen und sich in ihrem Daueroptimismus überschätzen, was letztendlich auch zu tiefen Depressionen führen kann. Das bedeutet nicht, dass es töricht wäre, sich den Anforderungen, die an uns gestellt werden, mit zuversichtlicher Fröhlichkeit zu stellen, aber übertriebene Hoffnungen und Zielsetzungen bergen eben ein weitaus größeres Enttäuschungspotenzial als realistische Vorstellungen der eigenen Fähigkeiten in Bezug auf die herrschenden Bedingungen.

Wenn also gelegentliche Niedergeschlagenheit für uns tatsächlich so wichtig ist, um uns neu zu besinnen und anders zu orientieren, stellt sich natürlich sofort die Frage, ob der unverzügliche Einsatz stimmungsaufhellender, beruhigender und angstlösender Medikamente, wie er heute vielfach praktiziert wird, der Weisheit letzter Schluss ist. Vielleicht schaltet ja derjenige, der schlechte Laune und Niedergeschlagenheit mit derartigen Arzneimitteln bekämpft, damit eine Art psychisches Frühwarnsystem aus. Evolutionsmediziner warnen jedenfalls vor dem kritiklosen Einsatz derartiger Substanzen und geben zu bedenken, dass Angst und Verzweiflung unseren Urahnen womöglich geholfen haben, aus einer Krise gestärkt hervorzugehen. Wer die alarmierenden Symptome durch Medikamente einfach abschaltet, macht womöglich alles noch viel schlimmer.

ZAPPELPHILIPP

Auch das Gegenteil der Depression wird von einigen Psychologen als Folge unserer urzeitlichen Abstammung angesehen. Gemeint ist das sogenannte »Aufmerksamkeits-Defizit-Syndrom (ADS)«, dessen Symptome sich bei drei bis zehn Prozent der Kinder bemerkbar machen, wobei Jungen bezeichnenderweise erheblich häufiger betroffen sind als Mädchen. Kindern und Jugendlichen mit ADS fällt es schwer, sich auf einen Gedanken oder eine Tätigkeit zu konzentrieren, sie lassen sich leicht ablenken, sind ständig auf der Suche nach neuen Reizen und handeln oft impulsiv, ohne vorher über die Konsequenzen ihres Tuns nachzudenken. Hinzu kommen vielfach ein schnell aufbrausendes Wesen sowie eine ständige Unruhe, die den Betroffenen nicht selten zu einem regelrechten »Zappelphilipp« macht.

In seinem Buch »Eine andere Art, die Welt zu sehen« stellt der amerikanische Psychologe Thom Hartmann – Leiter des »New England Salem Childrens Village«, eines Internats für hyperaktive Jugendliche – ADS-Kinder nicht als krankhafte Störenfriede, sondern als Menschen mit besonderen Fähigkeiten dar. ADS sei kein Defizit, erklärt Hartmann, vielmehr handele es sich um eine nützliche evolutionäre Erbschaft aus der Zeit, als die Menschen noch unablässig auf der Hut vor Gefahren sein mussten. »Die rastlos wandernde Wahrnehmung der ADS-Kinder ist heutzutage im Klassenzimmer eine Krankheit«, erklärt der Autor. »Im steinzeitlichen Wald dagegen war sie eine Lebensversicherung. Ohne ständige Aufmerksamkeit und die Fähigkeit, von einer Sekunde auf die andere zu reagieren, hätte der Jäger seine Beute verpasst oder wäre selbst Opfer eines Bären geworden. Und genau diese spontane Handlungsbereitschaft ist das, was wir heute Impulsivität nennen.«

Schließlich sei auch die dritte typische ADS-Eigenschaft, die ausgeprägte Freude am Risiko, für den steinzeitlichen Jäger unabdingbar gewesen, denn ohne sie hätte er sich nicht aus seiner Höhle in die gefährliche Außenwelt getraut und wäre verhungert. Seit die Menschen vor etwa 10 000 Jahren sesshaft geworden seien und begonnen hätten, Ackerbau und Viehzucht zu betreiben, sei ihr Leben berechenbar geworden und besondere Fähigkeiten ihrer Vorfahren hätten ihre existenzielle Bedeutung verloren. In der neuen Gesellschaft seien eher Eigenschaften wie Geduld, Anpassung und Beständigkeit gefragt gewesen, die Kindern in der schulischen Erziehung bis heute abverlangt würden. Deshalb verstünden Lehrer und Mitschüler die Andersartigkeit der ADS-Kinder als psychische Störung und nicht, wie es angemessen wäre, als genetisch bedingte Besonderheit. Die Folge sei, dass Betroffene sich häufig zu Außenseitern entwickelten.

Hartmann, selbst Vater eines unsteten und zappeligen ADS-Kindes, möchte mit seinem Denkansatz – der bislang freilich nicht mehr ist als eine unbewiesene Theorie – betroffenen Kindern zu einem optimistischeren Selbstbild verhelfen, mit dem sie gut leben können. Nach seiner Ansicht gibt es etliche Berufe, für die die speziellen Qualitäten der Betroffenen sogar von Vorteil sind: Pilot oder Börsenmakler beispielsweise. Und mit einem Augenzwinkern verweist er auf Persönlichkeiten wie Churchill oder Einstein, die trotz ADS überaus erfolgreich waren.

MISSTRAUEN
UND ANTEILNAHME

Als sie sich dem Lager so weit genähert haben, dass Ugur die einzelnen zeltförmigen Behausungen unterscheiden kann, stößt er einen schrillen Pfiff aus: lang – kurz – lang – lang, das Erkennungszeichen der Sippe. Bald darauf sind die heimkehrenden Jäger von Kindern umringt, die ihnen johlend entgegenstürmen und neugierig die Beute bestaunen. Korod ist auch darunter. Seine Augen strahlen, als er seinen Vater erblickt, und als Ugur ihn hochhebt und an sich drückt, jauchzt er laut. Der Einzug in die Ansiedlung, die von etlichen schwerbewaffneten Männern gegen umherstreifende feindliche Horden bewacht wird, gleicht einem Triumphzug. Aus allen Hütten und den dahintergelegenen Felsenhöhlen eilen die Bewohner herbei, um die Rückkehrer begeistert zu begrüßen. Alle tragen sie die mit Pflanzensäften dunkelrot gefärbte Lederbekleidung, die sie Fremden gegenüber als Mitglieder des Stammes ausweist. Und bei denjenigen, deren Unterarme nicht von den groben Gewändern bedeckt sind, erkennt man eine wellenförmige Tätowierung, die dem gleichen Zweck dient.

Ugurs Blicke suchen Wala, und gleich darauf entdeckt er sie, eingekeilt in eine dichte Gruppe von Frauen und kleineren Kindern, die kleine Alani auf dem Arm. Von der allgemeinen Begeisterung angesteckt, stößt das kleine Mädchen schrille Schreie aus, die sich zu einem wilden Geheul steigern, als sie ihren Vater erblickt. Wala hat

137

Mühe, sich aus dem Gedränge zu befreien, dann eilt sie Ugur mit großen Schritten entgegen. Er drückt sie an sich und küsst sie. Nachdem er ihr die Kostbarkeiten gezeigt hat, die die Krieger von ihrem Beutezug mitgebracht haben, zieht er sich mit ihr in ihre geräumige Höhle am Rand des Lagers zurück. Lachend legt er das schwere, lederne Jagdgewand ab, das er so viele Tage getragen hat, und zum Vorschein kommt eine Halskette aus Raubtierzähnen, sein Häuptlingsschmuck. Er zieht Wala an sich und küsst sie lange und leidenschaftlich.

Doch gerade als er beginnt, sich an ihrer Kleidung zu schaffen zu machen, hört er, wie draußen jemand seinen Namen ruft. Widerwillig trennt er sich von seiner Frau und tritt vor die Behausung. Einer der älteren Männer, die nicht mehr in der Lage sind, ausgedehnte Jagdzüge mitzumachen, kratzt sich verlegen grinsend am Kopf und berichtet ihm, im Zelt neben dem Lagereingang warte der Abgesandte eines Nachbarstammes auf ihn. Vorsichtshalber habe man ihn erst einmal dort eingesperrt und ihn bis zu Ugurs Rückkehr Tag und Nacht bewacht. Der Mann wolle offensichtlich einen Tauschhandel vorschlagen – vielleicht Schmuck oder Werkzeuge gegen Fleisch –, und der Häuptling solle ihn sich doch einmal ansehen.

Ugur wirft Wala, die nun auch im Eingang der Höhle erschienen ist, einen sehnsuchtsvollen, um Verständnis bittenden Blick zu und folgt dann dem Alten zu einem Zelt, in dem ein junger Mann, dem man sämtliche Waffen abgenommen hat, auf dem Boden kauert. Bevor Ugur eintritt, fährt er sich noch einmal durch das Haar und räuspert sich verlegen. Zum Zeichen, dass er in friedlicher Absicht kommt und nichts Böses im Schilde führt, streckt er dem Fremden die geöffneten, leeren Hände entgegen, und dieser erwidert seine Begrüßung mit derselben Geste. Ugur bemüht sich zu lächeln und erkundigt sich, ob dem Besucher irgendetwas fehle, ob er vielleicht hungrig oder durstig sei und ob er sich während der Wartezeit anständig behandelt gefühlt habe. Er verspricht ihm ein Stück frisch gebratener Mammutlende und lässt sich dann neben ihm nieder, um mit ihm zu verhandeln. Während sie miteinander sprechen, verfliegt die anfängliche Ablehnung. Ugur erzählt von den aufregenden Erlebnissen mit dem Mammut, und der Fremde gibt ebenfalls Jagdgeschichten zum Besten, an denen er selbst beteiligt war.

JEDEM SEINE SIPPE

Wie Ugur und seine Freunde freuen auch wir uns normalerweise, wenn wir nach Hause zurückkehren. Inmitten unserer Familie oder unseres Freundeskreises, umgeben von Menschen, die wir kennen und mögen und von denen wir wissen, dass auch sie uns zugetan sind, fühlen wir uns wohl. Den weitaus größten Teil unseres Daseins auf dieser Erde haben wir Menschen in der Geborgenheit einer überschaubaren, uns wohlvertrauten Sippe zugebracht, die kaum mehr als 150 Personen umfasst haben dürfte. Jedenfalls geht die Anzahl der Clanmitglieder bei heute lebenden Sozialverbänden wie den arktischen Inuit, den afrikanischen Kung San, den südamerikanischen Yanomami oder den australischen Aborigines selten über diese Zahl hinaus. Deshalb ist es nicht verwunderlich, dass die meisten Menschen bis zur heutigen Zeit solche kleineren Gruppen der Anonymität einer mobilen Massengesellschaft vorziehen.

Biologen haben einen Zusammenhang zwischen dem Gehirnvolumen verschiedener Affenarten und der Größe der Sippen gefunden, in denen sie üblicherweise leben: Je größer das Gehirn, desto umfangreicher ist auch die Gruppe. Überträgt man die gefundene Relation auf uns Menschen, so errechnet sich ziemlich genau besagte Zahl von 150 Personen, die in Urzeiten für die Mehrzahl der Jäger- und Sammlergesellschaften kennzeichnend war und sich bemerkenswerterweise bis heute gehalten hat. Nicht ohne Grund besteht beim Militär eine Kompanie als kleinste Einheit aus etwa 130 bis 150 Soldaten, und in Firmen, die mehr Angestellte beschäftigen, findet man häufig eine hierarchische Gliederung des Personals in Einheiten etwa dieser Stärke. Obwohl wir gezwungen sind, mit weit mehr Menschen eng zusammenzuleben als unsere Urahnen, hat sich seit Jahrtausenden die Zahl derjenigen Personen, die wir wirklich gut kennen und die wir mögen, praktisch nicht verändert.

Von unserer genetischen Ausstattung her sind wir einfach nicht dafür geschaffen, enge soziale Beziehungen zu mehr Mitmenschen aufzubauen und zu unterhalten. Daraus folgt die Erkenntnis, dass Gruppen, die vernünftig interagieren und produktiv ein optimales Ergebnis erzielen sollen, eine bestimmte Größe nicht überschreiten dürfen. In seinem Buch »Mammutjäger in der Metro« weist der Wissenschaftsjournalist William Allman in diesem Zusammenhang auf die Hutterer hin, religiöse Fundamentalisten, die die Mitgliederzahl ihrer sogenannten »Bruderhöfe« auf 150 Personen begrenzen. Als Grund geben sie an, dass es nicht möglich sei, eine größere Gruppe durch sozialen Druck unter Kontrolle zu halten.

Nach Ansicht von Evolutionsbiologen haben wir von unseren steinzeitlichen Vorfahren das fundamentale Bedürfnis nach einer sicheren Position in einer gut strukturierten Gruppe geerbt. Fehlt uns die Familie als kleinste Einheit der Sippe, neigen wir dazu, uns anderen Vereinigungen zuzuwenden, um auf diese Weise unserem Bedürfnis nach Geborgenheit in einer stabilen Gemeinschaft gerecht zu werden. In unserer heutigen Zeit, in der mehr als ein Drittel der Ehen geschieden und damit die Familien auseinandergerissen werden, finden immer mehr Menschen ihre soziale Basis in Freundeskreisen, Vereinen, ja selbst in zeitlich begrenzten Zusammenschlüssen wie Selbsthilfegruppen verschiedenster Art. Und nicht wenige wenden sich zweifelhaften Heilslehren allein deshalb zu, weil diese ihnen eine enge Gruppenzugehörigkeit bieten.

Vor allem jüngere Menschen scheinen nur dann wirklich zufrieden zu sein, wenn sie in kleineren Verbänden leben, wo sie sich mit Gleichgesinnten austauschen, mit ihnen feiern, aber auch leiden können. Sicher spielen auch finanzielle Gesichtspunkte eine Rolle, wenn sich Studenten beiderlei Geschlechts in einer gemeinsamen Wohnung zusammenfinden und auf diese Weise der Einsamkeit, aber auch bedrohlichen Massenansammlungen entgehen. Die Tatsache jedoch, dass auch durchaus betuchte junge Leute Zugang zu derartigen Vereinigungen suchen, weist darauf hin, dass dabei unbewusst uralte Sehnsüchte nach einer überschaubaren Gemeinschaft inmitten Gleichgesinnter mitschwingen, wie sie unsere jagenden und sammelnden Urahnen über Jahrmillionen geprägt haben.

STATUSSYMBOLE

Und genau wie unsere Altvorderen grenzen wir unsere Sippe gern gegen andere ab. Anthropologen vermuten sogar, dass in der heutigen schnelllebigen Zeit die Zugehörigkeit zu einer solchen Gruppe, die ständig auseinanderzubrechen droht, noch wichtiger ist als in grauer Vorzeit. Deshalb gewinnen nach ihrer Ansicht Dinge wie eine zumindest in Teilen uniforme Kleidung, eine bestimmte Haartracht, einheitlicher Schmuck, aber auch ein kennzeichnender Jargon oder charakteristischer Dialekt immer mehr an Bedeutung.

Der etwa 5300 Jahre alte Körper des Steinzeitmenschen Ötzi weist nicht weniger als 47 Tätowierungen auf, und man kann davon ausgehen, dass zumindest einige davon – vielleicht das Kreuz auf der Innenseite des linken Knies oder die blauen, parallel verlaufenden Linien neben der Wirbelsäule – die Zugehörigkeit zu einer bestimmten Sippe kennzeichneten. In den anderen sehen Paläoanthropologen magisch-medizinische Körpermarkierungen zur Abwehr von Krankheiten und zur Schmerzlinderung.

Tätowierungen fand man auch auf der etwa 4000 Jahre alten Mumie der ägyptischen Priesterin Amunet oder auf dem rund 2400 Jahre alten Leichnam einer Frau, die im russischen Ukok-Plateau gefunden wurde. An Armen und Schultern wies sie kunstvolle, mit Vögeln, Hirschen und mystischen Tieren reich verzierte Hautbilder auf, in denen Experten ebenso eine Art Sippenzugehörigkeitsausweis sehen wie heutzutage in Baseballkappen, Clubabzeichen, bedruckten T-Shirts, einer einheitlichen Frisur oder einer auffälligen und damit unverwechselbaren Erkennungsmusik.

Andere Kennzeichen symbolisierten bei unseren Altvorderen die Stellung innerhalb des Verbandes. Die Art und Weise, wie sich eine Person kleidete und schmückte, war nicht nur ein wichtiger Indikator dafür, zu welcher Sippe sie gehörte, sondern verdeutlichte auch ihren Status innerhalb der Gruppe. Zeichen einer derartigen Rangordnung finden wir auch heute noch allenthalben: Drückt sich die Hierarchie innerhalb einer kleinen Gruppe, deren Mitglieder sich gut kennen, noch in einem subtilen, für einen Fremden kaum erkennbaren Benehmen, etwa im aufmerksamen Zuhören oder demonstrativen Nichtbeachten aus, so spielen bei größeren und damit anonymeren Vereinigungen offen zur Schau getragene Statussymbole eine überaus wichtige Rolle.

Eine Residenz im teuersten Wohnviertel, Designerkleidung mit aufgedrucktem Herstelleremblem, protziger Schmuck, eine goldene Markenarmbanduhr, die bereits erwähnte, ostentativ zur Schau gestellte Luxuskarosse und nicht zuletzt pompöse Reisen sowie Besuche in Nobelrestaurants legen Zeugnis ab vom Einkommen des Besitzers und heben dessen sozialen Rang. Der Bildungsgrad wird durch eine elitäre, mit Fachwörtern gespickte Ausdrucksweise zur Schau gestellt, die überlegene körperliche Fitness durch teure Sportarten wie Reiten oder Golf und der elitäre Beruf durch einen Dienstwagen mit Chauffeur. Und wenn es bis in solche Sphären nicht gereicht hat, demonstriert man die eigene Wichtigkeit zumindest durch unablässiges Telefonieren per Handy oder Herumtippen auf einem Laptop während einer Erste-Klasse-Bahnfahrt. »Im Prinzip besteht kaum ein Unterschied zwischen dem Körperschmuck der Menschen vor 40 000 Jahren und der Schulkrawatte eines Eaton-Schülers oder dem Totenkopfemblem auf der Lederjacke eines Motorradfahrers«, erklärt hierzu der Archäologe Randall White von der Universität New York. »Sie alle sind Zeichen von Gruppenidentität und Solidarität, kurz: von menschlicher Kultur, wie wir sie kennen.«

ABSTAND

Und so wie unsere steinzeitlichen Vorfahren ihr Lager hermetisch abgrenzten und den Angehörigen anderer Sippen nur Zugang gewährten, wenn sie sich davon einen Vorteil versprachen, so handhaben die heutigen Gruppen das mit ihren Territorien noch immer. Genau wie Tiere, die ihr Revier verteidigen, sind auch wir Menschen ständig darauf bedacht, Fremde aus unserem engeren Lebensbereich fernzuhalten. Und wie die Tiere tun wir dies umso vehementer, je näher sich ein Eindringling in dessen Zentrum vorwagt. Während wir vielleicht gerade noch bereit sind, mit einem Unbekannten über den Gartenzaun hinweg ein paar Worte zu wechseln, sträubt sich in uns alles dagegen, ihn in unser Wohnzimmer zu lassen. Bis heute wirksame Anzeichen urzeitlichen Territorialverhaltens sehen Evolutionsbiologen sogar in der Bevorzugung eines persönlichen Stammplatzes, den wir für uns beanspruchen und anderen vehement streitig machen: am Familientisch ebenso wie in der Stammkneipe, im Bus zur Arbeit und selbst in einem Strandkorb oder auf einer Sonnenliege während des Urlaubs.

Solange wir einen Menschen nicht näher kennen, begegnen wir ihm lieber erst einmal mit Skepsis und halten ihn auf Distanz. Im Grunde müssen wir heutzutage doch ganz und gar untypisch leben. Hatten unsere Urahnen um ihre Sippen herum noch jede Menge Platz, der ihnen von keinem anderen Menschen streitig gemacht wurde, so zwingt uns das Leben in der industriellen Massengesellschaft fortwährend dazu, uns auf engstem Raum mit unzähligen Fremden zu arrangieren. Nur einen Bruchteil der Menschen, denen wir täglich begegnen, kennen wir persönlich, bei den anderen wissen wir nicht, wer sie sind, woher sie kommen und was sie vorhaben. Das irritiert uns gewaltig, und urzeitlichen Zwängen folgend, versuchen wir, uns soweit es geht von ihnen zu distanzieren.

Man muss nur einmal aufmerksam beobachten, wie sich die Menschen verhalten, die in Massen durch die Fußgängerzonen unserer Großstädte wimmeln. Sie strengen sich regelrecht an, sich gegenseitig bloß nicht anzusehen, oder tun dies, wenn es sich absolut nicht vermeiden lässt, betont beiläufig. Niemand käme auf die Idee, einen Entgegenkommenden allein aus Freundlichkeit oder mitmenschlichem Interesse anzusprechen; das ist allenfalls erlaubt, wenn man sich nach dem Weg erkundigt. Enger Kontakt zu Fremden ist uns zuwider. Im Wartezimmer eines Arztes lassen die Patienten, wann immer es geht, einen Stuhl zwischen sich und dem Nachbarn frei; im Restaurant haben wir es nicht gerne, wenn sich ein anderer Gast an unseren Tisch

ABSTAND 143

setzt; und wenn ein Unbekannter ein Zugabteil betritt, wird er von den Anwesenden zuerst einmal misstrauisch gemustert.

Höchst aufschlussreich ist in diesem Zusammenhang die Beobachtung des japanischen Soziologen Hidetoshi Kato aus Kyoto, der die Meinung vertritt, Menschen in einer Großstadt oder an einem anderen Ort, an dem es von unbekannten Personen wimmelt, würden sich weniger füreinander interessieren als in eher ländlichen Gebieten, in denen noch kein vergleichbares Gedränge herrscht. »In dicht besiedelten Städten sind wir an anderen Menschen nicht interessiert und können es auch gar nicht sein«, schreibt er. »Da sich dort jeder Einzelne noch nicht einmal den unbedingt nötigen Mindestraum sichern kann, wäre das Ergebnis für ein Individuum, das sich für die anderen Menschen als Person interessiert, ein schwerer Stress. Der beste und sogar einzig mögliche Ausweg aus diesem Dilemma ist, eine andere Person als Sache zu betrachten. Während es für einen Menschen unerträglich ist, einen fremden Menschen in einer Entfernung von 30 Zentimetern zu ertragen, hält er das Vorhandensein einer Sache, etwa eines Gesteins, auf diese kurze Distanz ohne Weiteres aus. Daher versuchen wir automatisch, die Menschen um uns herum zu verdinglichen.«

Mit dieser Aussage kommentiert Kato den Bericht eines Journalisten über das Verhalten von Fahrgästen in einem Pendlerzug, die sich keinesfalls mit den anderen Reisenden, sondern wenn immer möglich, ausschließlich mit sich selbst beschäftigten. »Sie lesen ein Taschenbuch«, schreibt er, »dösen oder starren aus dem Fenster. Kann jemand nicht hinausblicken, senkt er die Augen oder bemüht sich auf andere Weise, den Blick bloß nicht mit dem eines anderen Fahrgastes zu kreuzen. Dagegen ›berauschen‹ sich Personen vom Land, die in die Großstadt kommen, an den vielen anderen Menschen, weil sie noch gerne psychologische Bindungen eingehen.«

VOM FREMDELN UND MOBBEN

Schon kleine Kinder tun sich in einer bestimmten Phase ihrer Entwicklung – in der Regel wenn sie ein paar Monate alt sind – schwer, sich Altersgenossen zu nähern oder gar mit ihnen Freundschaft zu schließen. Ganz besonders gilt das für Kinder, die nicht von Anfang an reichlich Kontakt mit ihresgleichen hatten. Statt unbefangen auf die potenziellen Spielkameraden zuzugehen, klammern sie sich am Rockzipfel der Mutter fest, verstecken sich hinter ihrem Rücken oder verbergen den Kopf in ihren Kleidern. Und vor einem unbekannten Erwachsenen ergreifen sie sogar dann die Flucht, wenn sie mit der betreffenden Person noch nie schlechte Erfahrungen gemacht haben. Selbst etwas ältere Kinder weigern sich nicht selten, einem Fremden zur Begrüßung die Hand zu geben, und verschränken die Arme stattdessen trotzig hinter dem Rücken.

Auch für dieses als »Fremdeln« bekannte Phänomen, für das sich die Eltern erstaunlicherweise meist wortreich entschuldigen, machen Verhaltensforscher unsere urzeitliche genetische Ausstattung verantwortlich. Sie sehen darin die einstmals wahrscheinlich nützliche und von der Selektion begünstigte Neigung, Fremde erst einmal grundsätzlich als gefährlich einzustufen. Demnach schwächen sich diese Ängste mit dem Älterwerden zwar weitgehend ab, die Kinder verlieren sie jedoch nie ganz, sondern verdrängen sie nur.

Deshalb treten sie beispielsweise einem neuen Mitschüler zuerst einmal skeptisch, oft sogar regelrecht feindlich gegenüber. Betritt er das Klassenzimmer, verstummt schlagartig jedes Gespräch, und der Neue wird von allen angestarrt, als wäre er ein Aussätziger. Der Weg zu seinem Platz gleicht einem Spießrutenlaufen. Wenn er jetzt einen Fehler macht, wenn er stolpert oder eine andere Ungeschicklichkeit begeht, wird man ihn gnadenlos auslachen, das weiß er. Einem Lehrer, der zum ersten Mal vor eine neue Klasse tritt und von zwanzig, dreißig Augenpaaren misstrauisch angegafft wird, geht es kaum anders. Gelingt es ihm nicht, gleich zu Anfang eine gute Figur zu machen und die Schüler von sich zu überzeugen, kann es Monate dauern, bis er ihr Vertrauen und vielleicht sogar ihre Zuneigung gewinnt.

Noch grausamer können Kinder zu einem Mitschüler sein, der erkennbar anders ist als sie selbst, der eine dicke Brille trägt, abstehende Ohren hat, stottert oder hinkt. Sie pöbeln ihn auf dem Schulhof an, und im schlimmsten Fall verprügeln sie ihn. In den letzten Jahren berichteten die Medien immer wieder über Jugendliche, die von ihren Mitschülern – von Klassenkameraden kann man in diesem Fall ja wohl kaum sprechen – beleidigt, diffamiert, geschlagen und oft sogar zu menschenunwürdigen und ehrverletzenden Handlungen gezwungen wurden. Für eine derartige »Aggression des Anstoßnehmens« hat der bereits erwähnte Mainzer Psychologe und Paläoanthropologe Rudolf Bilz in einem Artikel für das *Deutsche Ärzteblatt* im Jahr 1971 den mittlerweile allgemein gebräuchlichen Begriff »Mobbing« geprägt und darauf hingewiesen, dass ähnliche Verhaltensweisen auch bei Tieren vorkommen, die Normabweichler innerhalb ihrer Sippe attackieren und im Extremfall sogar töten.

Einen aufschlussreichen Versuch führte dazu im Jahr 1939 – damals sicherlich in durchsichtiger und allen zivilisatorischen Fortschritt leugnender Absicht – der Biologe Friedrich Goethe durch. Er bespritzte eine Möwe mit Farbe und konnte beobachten, wie die Artgenossen, die den Vogel bislang friedlich in ihrer Mitte geduldet hatten, nun, da er absonderlich erschien, erbarmungslos über ihn herfielen. Ein ähnlich aggressives Verhalten hatte zuvor schon der niederländische Verhaltensforscher und Nobelpreisträger Nikolaas Tinbergen an Hühnern beobachtet, und bei einem Versuch an der Universität Münster wurde ein Pferd, dem die Forscher bunte Bänder in die Mähne geflochten hatten, von seinen Artgenossen fast zu Tode gehetzt.

Nach Ansicht von Rudolf Bilz ist das aus heutiger Sicht verabscheuungswürdige Verhalten von Menschen gegenüber Außenseitern unter evolutionspsychologischen Aspekten durchaus verständlich und erklärbar: Unsere urzeitlichen Vorfahren schützten sich damit gegen Sonderlinge und potenziell Kranke, die drohten, die Homogenität, Funktionsfähigkeit und Schlagkraft der Gruppe zu stören. So gesehen, ist Mobbing eine höchst wirksame Methode der Gruppenhygiene. »So grausam es für das Individuum sein kann, aus der Gruppe gemobbt zu werden«, schreibt Bilz, »so überlebenswichtig kann es für die Gruppe sein.«

Beim »aggressiv-destruktiven Affekt«, der dem Mobbing zugrundeliegt, unterscheidet Bilz fünf Intensitätsstufen, die man keinesfalls nur bei Kindern, sondern auch bei Erwachsenen in ihrem Verhalten einem vermeintlichen Außenseiter gegenüber beobachten kann: Bei der einfachsten Form wird der Betroffene nur fortwährend mit einer Art »bösem Blick« bedacht, als nächsthöhere Stufe folgt ein mitleidiges Lächeln von oben herab, der dritte Grad ist erreicht, wenn über den Sonderling Witze gemacht werden (nicht umsonst gibt es grausame Stotterer-, Hasenscharten- und Irrenhauswitze), Stufe vier ist durch Gewaltanwendung gekennzeichnet, und in der allerschlimmsten Ausprägung wird der Sonderling kurzerhand gelyncht.

NUR NICHT AUFFALLEN

Aber auch wenn wir derartig brutale Ausschreitungen nicht befürchten müssen, hüten wir uns doch oft davor, aus dem Rahmen zu fallen. In unserem instinktiven Bestreben nach Konformität unterwerfen wir uns aktuellen Modetrends auch dann, wenn sie uns im Grunde überhaupt nicht zusagen oder wenn wir genau wissen, dass uns aktuelle Schnitte, Farben oder Formen nicht stehen. Schon Kinder, die in anderen als Markenjeans in die Schule kommen, werden von den Klassenkameraden verspottet und ausgelacht, und bei den Erwachsenen sieht es kein bisschen besser aus. Junge Mädchen ziehen derzeit nicht nur im Sommer, sondern auch in Herbst und Winter bauchfreie T-Shirts an, obwohl sie darin jämmerlich frieren, und tragen spitze Schuhe, die ihnen die Zehen zusammenquetschen, nur um nicht als Außenseiterinnen zu gelten. Wer noch immer in einer Hose im Karottenschnitt herumläuft, obwohl diese Form schon lange nicht mehr up to date ist, muss damit rechnen, dass die Mitmenschen hinter vorgehaltener Hand über ihn tuscheln oder gar offen mit dem Finger auf ihn zeigen. Und eine Frau, die sich heutzutage noch in einer Fuchspelzjacke in die Öffentlichkeit wagt, muss schon ein sehr ausgeprägtes Selbstbewusstsein haben. Also ziehen wir das an, was man uns vorschreibt, geben kaum getragene Hemden, Hosen, Blusen und Röcke in die Altkleidersammlung und kaufen uns für teures Geld die aktuelle Mode, nur um diese Kleidungsstücke, längst bevor sie verschlissen sind, wieder auszumustern, wenn uns die einschlägige Industrie einen neuen Trend aufzwingt.

Als extreme Außenseiter betrachten selbst ansonsten einfühlsame und tolerante Menschen Artgenossen mit anderer Hautfarbe, denen sie von vornherein eine Menge merkwürdiger Eigenschaften, Angewohnheiten und Auffassungen andichten. Noch immer halten viele von uns eine junge Frau, die »von einem Neger schwanger« ist, für eine Art Flittchen, tuscheln über sie und gehen ihr möglichst aus dem Weg. Doch auch andere Abweichungen von der uns vertrauten Norm wie ein fremdländischer Akzent, die Zugehörigkeit zu einer uns unbekannten Volksgruppe oder ungewöhnliche Vorlieben machen uns skeptisch und lassen uns auf Distanz gehen.

Überall in der Gesellschaft gibt es latente oder offen ausgetragene Rivalitäten zwischen Menschen unterschiedlicher Abstammung, Zugehörigkeit oder Überzeugung – Linke gegen Rechte, Katholiken gegen Protestanten, Ossis gegen Wessis, Werderaner gegen Bayern. Unsere seit Urzeiten existierende Neigung, der eigenen Gruppe vor allen anderen eine Daseinsberechtigung zuzubilligen und sie als von vornherein überlegen zu betrachten, ist für unsere dicht gedrängte menschliche Gesellschaft zu einem großen Problem geworden.

Als Abweichler behandeln wir oft sogar einen Mitmenschen, der im Theater oder bei einem Gottesdienst zu spät kommt und nun gezwungen ist, unter den misstrauischen Augen sämtlicher Anwesenden seinen Platz zu suchen. Von ablehnendem Schweigen verfolgt und unter argwöhnischen Blicken muss er an den Sitzenden vorbeigehen und sich der Gemeinschaft der Konformisten präsentieren. Wie peinlich das den meisten Menschen ist, erkennt man unschwer an ihrem gebückten Gang und dem gesenkten Blick. Kaum einer, der es fertigbringt, sich vor aller Augen zu voller Größe aufzurichten oder gar vergnügt in die Menge zu lächeln.

Selbst Profis – Musiker, Schauspieler oder Redner –, die es eigentlich gewöhnt sein müssten, sich auf der Bühne einem großen Publikum zu stellen, leiden nicht selten an unbeherrschbarem Lampenfieber. Und das, obwohl sie genau wissen, dass die Zuschauer ja eigens ihretwegen gekommen sind und sich auf ihre Darbietung freuen. Dieses Lampenfieber, das sich zum Beispiel auch in der Prüfungsangst eines Examenskandidaten äußert, ist nach Ansicht von Evolutionsbiologen ebenfalls ein Relikt aus Urzeiten, in denen die Menschen fast ausschließlich mit den Mitgliedern der eigenen Sippe Kontakt hatten und es nicht gewohnt waren, sich Fremden zu präsentieren. War eine Kontaktaufnahme dann doch einmal unvermeidlich, so galt es, hierfür alle Kräfte zu mobilisieren und unbedingt dafür zu sorgen, dass man sich um Himmels willen keine Blöße gab, dass der Auftritt gelang.

In früheren Zeiten machten sich Gesellschaften die angeborene Scheu, sich vor anderen zu präsentieren, zunutze und stellten Bösewichte an den Pranger. Dabei fügte man dem Übeltäter keineswegs körperliche Schmerzen zu – wohl wissend, dass die seelische Pein für ihn schlimm genug war. Schließlich musste er sich mit geschorenem Kopf und nicht selten noch in entwürdigender Haltung von der spottenden und sensationslüsternen Menge angaffen und beschimpfen lassen. Ohne sich wehren zu können, musste er den Volkszorn ertragen und konnte sich nicht einmal wehren, wenn er angespuckt wurde. Eine grausame Strafe!

FREMDENFEINDLICHE GENE?

So tief steckt die Abneigung, die unsere Vorfahren Angehörigen fremder Sippen gegenüber empfanden und die für sie möglicherweise lebenswichtig war, noch immer in einigen von uns, dass sie fremde Menschen und vor allem solche aus anderen Ländern, mit anderen Sitten und anderer Sprache ihren unverhohlenen Hass spüren lassen. Insofern hat die üble Fremdenfeindlichkeit vielleicht sogar eine nachvollziehbare biologische Wurzel. Das darf jedoch keinesfalls als Rechtfertigung für verbale oder gar körperliche Ausschreitungen gegen ausländische Mitbürger gelten, denn im Gegensatz zu Affen – Schimpansen beispielsweise bringen unliebsame Artgenossen kurzerhand um – rühmen wir uns ja gerade unserer überragenden Intelligenz und sollten mit ihrer Hilfe doch in der Lage sein, das Tier in uns in Zaum zu halten. Hierin liegt doch gerade das tiefere Wesen unseres Menschseins, dass wir unseren Instinkten und angeborenen Verhaltensmustern eben nicht willenlos ausgeliefert sind, sondern uns geistig damit befassen und bewusst darüber hinwegsetzen können. Im Gegensatz zu Tieren besitzen wir eine Kultur, die als »Gesamtheit der geistigen und künstlerischen Lebensäußerungen einer Gemeinschaft beziehungsweise eines Volkes und – bezogen auf einzelne Menschen – seine Bildung, Gesittung und verfeinerte Lebensweise« definiert ist. Der Paläoanthropologe Rudolf Bilz hat es einmal so ausgedrückt: »Die wichtigste Aufgabe, die uns gestellt ist, glaube ich darin sehen zu dürfen, dass wir mehr und mehr, von Generation zu Generation, von hominiden zu menschlichen Wesen werden.«

Dass es mit dieser Kultur jedoch vielfach nicht besonders weit her ist, bezeugt die Tatsache, dass wir Menschen es leichter schaffen, einen Konsens zum Schutz bedrohter Tierarten zu erreichen, als uns auf die Respektierung fundamentaler Menschenrechte oder die generelle Ächtung grausamer Waffen zu einigen. Eigentlich sollte uns doch klar sein, dass der kontinuierliche Erfolg unserer Art »Homo sapiens« eben gerade nicht auf feindlicher Ablehnung anderer Menschen gegenüber, sondern auf einer konträren menschlichen Eigenschaft beruht: der Fähigkeit, Freundschaften zu schließen und zusammenzuarbeiten. Im Gegensatz zu Tieren, die normalerweise nur mit Familien- und Gruppenmitgliedern ein vertrautes Verhältnis pflegen, sind wir in der Lage, enge Beziehungen auch zu Artgenossen aufzubauen, mit denen wir überhaupt nicht verwandt oder durch andere Gemeinsamkeiten verbunden sind. Hätten sich unsere steinzeitlichen Vorfahren nicht irgendwann dazu durchgerungen, über den Rand ihrer kleinen Sippe hinauszublicken und sich mit ursprünglich Fremden zusammenzutun, lebten wir heute wahrscheinlich noch immer in primitiven, ungeheizten Höhlen und wären gezwungen, uns nach wie vor als Jäger und Sammler durchzuschlagen.

HOMO SOCIALIS – DER GESELLIGE MENSCH

Aus evolutionärer Sicht hat diejenige Art die größte Chance, sich gegen konkurrierende Verbände durchzusetzen, die eine möglichst große Anzahl von Genen an ihre Nachkommen weitergibt. Dazu ist es jedoch erforderlich, dass möglichst viele Angehörige einer Art überhaupt erst einmal das Fortpflanzungsalter erreichen. Und allein schon diese Chance erhöhte sich für unsere Vorfahren, als sie daran gingen, ihre Erfahrungen und ihr Wissen mit anderen zu teilen, und dadurch zu neuen Erkenntnissen gelangten, aus denen wiederum weiterer – nicht zuletzt medizinischer – Fortschritt erwuchs. Dass wir heutzutage eine wahre Explosion des Wissens erleben, die uns in sämtlichen Bereichen unseres Lebens zugutekommt, liegt vor allem an der weltweiten Vernetzung, an dem dadurch bedingten engen Kontakt von Wissenschaftlern und an dem Austausch ihrer Erkenntnisse, auf die andere Experten aufbauen können.

Nach Ansicht von Evolutionsforschern könnte die Ursache für das geänderte Verhalten der Urmenschen – weg von der kleinen Gruppe hin zu mehr sozialen Kontakten mit anderen – in einem umfassenden Klimawechsel vor etwa zwei Millionen Jahren gelegen haben. Dieser ließ in Afrika, der Wiege der Menschheit, viele dichte Wälder verschwinden und an ihrer Stelle weite Savannen mit niedrigem Bewuchs entstehen. Dadurch wurden die Menschen gezwungen, sich an das Leben im offenen Gelände anzupassen, wo sie zwar weiter sehen, aber eben auch gesehen werden konnten und somit leichter zur Beute gefährlicher Raubtiere wurden. Die Folge war, dass sie, um zu überleben, ausgefeiltere Jagdmethoden entwickeln und dabei auch mit anderen Stämmen zusammenarbeiten mussten. Schließlich waren sie recht groß gewachsen und konnten sich nur zu Fuß fortbewegen, an Behändigkeit waren sie ihren Beutetieren daher deutlich unterlegen.

Da sie zudem nicht über weitreichende Waffen verfügten, mussten sie nah an die verfolgten Wildtiere herankommen. Doch um sich unbemerkt an diese heranzuschleichen und sie wie Löwen mit einem überraschenden Angriff zu töten, waren sie zu langsam und zu unbeholfen. Ihre einzige Chance, die begehrte Beute zur Strecke zu bringen, lag in perfekter Teamarbeit – und hierin waren sie aufgrund ihrer vorausschauenden Intelligenz allen Tieren weit überlegen. So hetzten sie das Wild lärmend oder mithilfe von Feuer in eine Falle – vielleicht in einen Sumpf, wo Mammuts, Bären und Wollnashörner stecken-blieben, oder ein Plateau hinauf, über dessen steil abfallende Kante die Tiere zu Tode stürzten; oder sie trieben sie ihren im Hinterhalt lauern-den Mitjägern zu, die den heranstürmenden Bestien ihre Speere in die Brust rammten.

Dass die steinzeitlichen Jäger mit der Lebensweise ihrer Beutetiere vollkommen vertraut waren und sich mit ihren Gewohnheiten bes-tens auskannten, belegen unter anderem Funde im mittelfranzösi-schen Solutré. Dort fand man am Fuß einer nach drei Seiten steil abfallenden Hochfläche Überreste von nicht weniger als 10 000 Wildpferden! Bei näherer Untersuchung der Knochen entdeckten Wissenschaftler untrügliche Anzeichen dafür, dass sie mit Feuer in Berührung gekommen waren, was den Schluss nahelegt, dass die Jäger das Fleisch ihrer Beutetiere vor dem Verzehr brieten. An einer anderen Ausgrabungsstelle fanden Forscher Reste derselben Art von Beutetieren an verschiedenen, weit auseinanderliegenden Feuerstel-len – ein Hinweis darauf, dass sich mehrere Familien das Wild geteilt hatten, so wie wir es noch heute bei Grillfesten oder beim gemeinsa-men Verspeisen der Weihnachtsgans tun.

So hatte die perfekte Kooperation unter den Jägern nicht nur zur Folge, dass sie mehr Beute machten, sondern auch, dass sie gezwun-gen waren, diese Beute zu teilen. Das erwies sich letztendlich als Vor-teil, denn ohne Teilen ist nun einmal keine Freundschaft möglich. In der Folge setzten sich daher von unseren Urahnen vor allem diejeni-gen durch (und pflanzten sich fort), die am besten kooperierten und sich um ihre Mitmenschen kümmerten. Denn auf diese Weise konn-ten sie sich auch selbst der Zuneigung und der Opferbereitschaft an-derer erfreuen. Die Eigenschaft, mit anderen zu teilen und diese scheinbar selbstlos zu unterstützen, wird von Biologen als »rezipro-ker Altruismus« bezeichnet, wobei der Zusatz »reziprok« so viel be-deutet wie »gegen- oder wechselseitig«. Denn schließlich hat diese Form des Füreinander-da-Seins nicht nur für denjenigen, dem gehol-fen wird, sondern durchaus auch für den Helfenden eine Menge er-freulicher Auswirkungen.

Wäre das nicht so, gingen unsere biologischen Brüder und Schwestern, die Schimpansen, wohl erheblich rücksichtsloser miteinander um. Zwar töten sie schon einmal einen unliebsamen Artgenossen, vor allem, wenn er einer fremden Sippe entstammt, aber immerhin rund zwanzig Prozent ihrer Zeit verbringen sie mit tätiger Nächstenliebe. Verhaltensforscher sind sich darüber einig, dass die gegenseitige Körperpflege, die wir oft unzutreffend als »Lausen« abqualifizieren, nur zum Teil der Entfernung unliebsamer Parasiten dient und in erster Linie einen Akt wechelseitiger Zärtlichkeit darstellt. Dabei beweisen die Affen mitunter sogar ein erstaunliches Einfühlungsvermögen, so beim immer wieder zu beobachtenden »Tröstverhalten«, bei dem sie den Arm um einen im Streit unterlegenen Artgenossen legen und ihn an sich drücken. In einem britischen Zoo wurde ein Bonoboweibchen beobachtet, das einen verletzten Sperling gefunden hatte. Behutsam nahm der Affe den Vogel auf, kletterte mit ihm auf einen Baum, breitete vorsichtig seine Flügel aus und schleuderte ihn mit größtmöglicher Kraft über die Umzäunung hinweg in die Luft.

Der amerikanische Wissenschaftsjournalist Richard Conniff stellt in seinem vielbeachteten Buch »The Ape in the Corner Office« sogar die These auf, dass bei Menschen ein weitverbreitetes und in allen Büros dieser Welt zu beobachtendes Phänomen die Stelle des lustvollen »Entlausens« eingenommen hat: der Klatsch. Auch dieser vermittle, schreibt Conniff, ein starkes Gefühl der Zusammengehörigkeit. Mit denjenigen, die man nicht besonders mag, unterhält man sich nur ausnahmsweise, während man mit geschätzten Kollegen den ausführlichen Plausch geradezu sucht. Deshalb sei es vonseiten der Firmen unklug, derartige Unterhaltungen zwischen den Angestellten zu verbieten; der Nutzen durch das so entstehende gute und kollegiale Betriebsklima überwiege den Nachteil des Produktionsausfalls bei weitem.

ALTRUISMUS

Der Verhaltensforscher Craig Stanford vom Jane Goodall Research Center in Südkalifornien ist überzeugt, dass jedem altruistischen Verhalten durchaus egoistische Motive zugrundeliegen. »Gerade in menschlichen Gesellschaften können wir zahlreiche Verhaltensweisen, die vordergründig dem Wohl der Gruppe zu dienen scheinen, auf den Nutzen für das Individuum selbst zurückführen«, erklärt er. »Jemand, der in einen Fluss springt, um einen Ertrinkenden zu retten, wird zum Helden. Dadurch erlangt er etliche Vorteile, zum Beispiel erscheint er nun möglicherweise den Frauen wesentlich attraktiver als vorher.« Allerdings gibt Stanford auch zu bedenken, dass bei manchen selbstlosen Verhaltensweisen für denjenigen, der sich aufopfert, kein unmittelbarer Nutzen erkennbar ist. Das trifft nach seiner Ansicht beispielsweise auf einen Blutspender zu, der allenfalls darauf hoffen kann, für den Fall, dass er einmal selbst auf fremdes Blut angewiesen ist, nicht im Stich gelassen zu werden. Wobei jedoch hinzuzufügen ist, dass auch ein Blutspender sich allgemeiner Wertschätzung erfreut und bei besonderem Engagement mit einer Urkunde, einem Anstecker und vielleicht sogar einem Bild in der Tageszeitung gewürdigt wird.

Offenbar ist in uns ein tief verwurzeltes Streben wirksam, das uns dazu treibt, persönliche Risiken auf uns zu nehmen, wenn wir dafür mit Anerkennung – durch unsere Mitmenschen ebenso wie durch ein höheres Wesen, eine Gottheit – rechnen können. Für das erregende Gefühl, unmittelbar nach unserer Heldentat oder später in einer Existenz nach dem Tod gelobt oder gar belohnt zu werden, retten wir Wildfremde aus eiskaltem Wasser, schleppen Eingeschlossene, mit denen uns nicht das Geringste verbindet, aus brennenden Häusern und spenden eben auch Blut, das vielleicht einem Massenmörder oder Terroristen das Leben rettet. Durch kaum etwas anderes scheinen Menschen derart aufgewühlt zu werden wie durch selbstlose Heldentaten. Kein Wunder also, dass sich Samariter und Märtyrer seit jeher eines weitaus größeren Ansehens erfreuen als Staatsmänner und Schlachtenlenker.

Dass die Nächstenliebe tatsächlich schon bei unseren sehr frühen Vorfahren eine wichtige Rolle spielte, beweist der Fund eines Archäologenteams, das in Georgien den Schädel eines etwa 1,8 Millionen Jahre alten Hominiden ausgrub, in dessen Mund nur noch der linke obere Eckzahn vorhanden war. Dieser körperliche Mangel – heutzutage problemlos mit einer Zahnprothese zu beheben – glich damals einem Todesurteil. Denn in den langen und kalten Wintern gab es seinerzeit nur das zu essen, was vom Sommer übriggeblieben war. Und das war für jemanden, der keine Backenzähne zum Kauen hatte, schlicht ungenießbar. Wodurch der prähistorische Bergbewohner seine Zähne verloren hat, lässt sich heute nicht mehr rekonstruieren, nach genauer Untersuchung der Kauleisten steht jedoch fest, dass er mit seinem Manko viele Jahre lang gelebt hat. Niemals hätte er so lange aus eigener Kraft existieren können, dies war nur durch selbstlose Hilfe seiner Sippengenossen möglich, die ihm das weiche Knochenmark und Gehirn erlegter Tiere abtraten und – davon muss man ausgehen – harte pflanzliche Nahrung für ihn vorkauten. Warum sie das taten, bleibt ein Rätsel. War der Zahnlose vielleicht trotz seines Handicaps ein unverzichtbarer Jäger? Oder war er ein weiser Alter, den seine Stammesgenossen aus Ehrfurcht durchfütterten? Oder handelten die Sippenkumpane vielleicht einfach deshalb so menschenfreundlich, weil die Nächstenliebe sie selbst zutiefst beglückte? Wir wissen es nicht.

Fest steht jedoch, dass uns das schöne Gefühl, das wir empfinden, wenn wir eine »gute Tat« vollbracht, uns für andere aufgeopfert und deren Dank empfangen haben, bis in die heutige Zeit dermaßen beseelt, dass wir Dinge tun, die ansonsten unerklärlich sind, ja teilweise sogar skurril anmuten. So geben wir einem Kellner auch in einem Lokal, das wir mit Sicherheit nie wieder betreten werden, ein fürstliches Trinkgeld und genießen dessen devote Verbeugung, obwohl wir davon nicht den geringsten Nutzen haben. Wir spenden für wildfremde Katastrophenopfer, liefern volle Geldbörsen im Fundbüro ab und übernehmen freiwillig und ohne dass wir dafür auch nur einen einzigen Euro bekommen die verschiedensten sozialen Dienste.

DIE MACHT DES AUGENBLICKS

Aus evolutionärer Sicht ist dieses Streben nach momentanem Wohlgefühl auch noch in anderer Hinsicht erklärlich: Unsere Vorfahren konnten nicht langfristig planen, dafür war ihr Leben zu riskant und oft auch zu kurz. Gefährliche Tiere lauerten hinter jedem Busch, Seuchen löschten oft ganze Sippen aus, und das Nahrungsangebot war fast immer knapp und nur ausnahmsweise einmal für eine gewisse Zeit konstant. Notgedrungen lebten die Menschen daher von Augenblick zu Augenblick und nahmen sich das, was gerade zur Verfügung stand. Und wenn sich eine Gelegenheit ergab, sich schöne Gefühle zu verschaffen, dann griffen sie begierig zu.

Dieses evolutionäre Erbe schlägt bei uns heute immer wieder mit Macht durch, wenn wir uns zwischen abwägendem Warten und impulsivem Handeln entscheiden müssen. Dann hat die spontane Aktion aus dem Bauch heraus meistens die größere Chance, zum Zug zu kommen. Und das, obwohl wir uns durchaus bewusst sind, dass geduldige, vorausschauende Selbstkontrolle die bessere Wahl wäre und wir uns mit unserer unüberlegten Handlung vielleicht zukünftige Chancen verbauen oder uns gar selbst schaden. Vor die Alternative gestellt, zwischen kurzfristigem Genuss und langfristigem Gewinn zu wählen, entscheiden wir uns oft wie unsere steinzeitlichen Urahnen für den Weg des geringsten Widerstands und pfeifen auf die Selbstkontrolle.

Die New Yorker Psychologin Alexandra Logue macht für dieses Verhalten die Tatsache verantwortlich, dass seit der Millionen Jahre währenden Epoche unserer steinzeitlichen Ahnen noch viel zu wenig Zeit vergangen ist, um Geduld zu lernen. »Geduldig verhält sich jemand«, gibt sie zu bedenken, »der auf einen größeren Vorteil oder eine Belohnung längere Zeit wartet, anstatt sich für einen kleineren Nutzen zu entscheiden, den er sofort haben kann. Wer zukünftige Ereignisse, die mit großer Gewissheit eintreten werden, unterbewertet, hat nicht die beste Entscheidungsstrategie gewählt. Wenn jemand beispielsweise immer wieder den Entschluss fasst zu rauchen, obwohl er damit auf längere Sicht erhebliche Gesundheitsrisiken eingeht, ist dieses Verhalten für ihn langfristig zweifellos von Nachteil. Als Gewohnheit ist es fehlangepasst-impulsiv, weil es die Konsequenzen als unwahrscheinlich ausblendet oder sogar völlig ignoriert.«Tatsächlich haben zahlreiche Umfragen eindeutig ergeben, dass sich fast alle Raucher vollkommen darüber bewusst sind, dass sie sich langfristig schaden. Dennoch können sie von ihrer unvernünftigen Angewohnheit nicht lassen, weil ihnen urzeitliche Denkmuster immer wieder sagen: »Die Zigarette schmeckt dir jetzt, also rauche sie jetzt. Wer weiß, was später ist. Was man hat, das hat man.«

Genauso handeln wir, wenn wir ausnahmsweise einmal Geld übrig haben und wissen, dass wir damit eigentlich unsere Altersvorsorge aufstocken sollten, uns aber dennoch eine mit allen Schikanen ausgestattete Stereoanlage oder einen hochmodernen Flachbildschirmfernseher kaufen, obwohl wir beides im Grunde gar nicht brauchen. Und obwohl uns, wenn wir nur ein bisschen nachdenken, von vornherein klar ist, dass die neue Errungenschaft schnell wieder zur Gewohnheit wird, geben wir doch unserem voreiligen Impuls nach und verdrängen die Sorge um die Zukunft. In unserer vergleichsweise sicheren und beständigen Umwelt lässt sich das, was auf uns zukommt, weit besser vorausplanen als in der Steinzeit, und trotzdem handeln wir oft noch immer so, als wäre jeder Tag unser letzter. Statt das populäre Sprichwort »Lieber den Spatz in der Hand als die Taube auf dem Dach« zum Maßstab unseres Tuns zu machen, sollten wir besser nach einer alten chinesischen Weisheit handeln: »Lieber morgen die Henne als heute das Ei.«

SYMPATHIE UND MITLEID

Im Verhältnis zu unseren Mitmenschen hat das Streben nach lustvollen Erlebnissen in Form von Dank und Anerkennung jedoch einen durchaus erfreulichen Effekt: Neben der noch immer wirksamen ablehnenden Grundhaltung allem Fremden gegenüber hat sich dadurch ein entgegengesetzt wirkendes soziales Empfinden herausgebildet. Indem es uns mit angenehmen Emotionen belohnt, zwingt es uns geradezu, die Nähe anderer Menschen zu suchen, notfalls sogar, wenn wir diese überhaupt nicht kennen. Niemand ist auf Dauer gerne allein. Das beweisen unter anderem die zahllosen Partnervermittlungsagenturen, die im Internet ihre Dienste anbieten. Das evolutionäre Streben, die eigenen Gene weiterzugeben, kann dafür nicht ausschließlich verantwortlich gemacht werden, denn ein Großteil derjenigen, die das Angebot wahrnehmen, sind ältere Menschen, die keine Nachkommen mehr in die Welt setzen.

Wenn wir keine Gelegenheit haben, andere Menschen kennenzulernen, nehmen wir eben mit fiktiven Personen vorlieb und identifizieren uns mit deren Schicksal. Wie anders ist es zu erklären, dass nicht nur Kinder, sondern erwachsene Männer und Frauen mit Figuren in Büchern, Spielfilmen oder Fernsehsendungen derart mitempfinden, dass sie von intensiven Glücksgefühlen durchströmt werden, wenn sich Liebende in die Arme sinken, und weinen, wenn ihren Lieblingen etwas Trauriges zustößt? Gerade die Helden von TV-Serien genießen oft eine unfassbare Sympathie: Zuschauer verschieben wichtige Termine, um bloß keine Folge zu verpassen, in der der Vergötterte mitspielt, und begrüßen ihn bei seinem Erscheinen vielleicht sogar mit einem erfreuten »Hallo«.

Psychologen sprechen bei derartigen, im Grunde irrationalen Phänomenen von »parasozialen Beziehungen« und machen dafür unsere extrem langsam verlaufenden evolutionären Anpassungsprozesse verantwortlich, die keine Chance hatten, mit der rasanten Entwicklung der Medien Schritt zu halten. Deshalb ist unser Gehirn im Grunde nicht in der Lage, zwischen realen und virtuellen Personen zu unterscheiden. Uns nicht mit den Protagonisten von Romanen oder Filmen zu identifizieren und nicht mit ihnen mitzufühlen gelingt uns nur mit größter Willensanstrengung.

So sehr ist unser Gehirn darauf geeicht, alles unter dem Aspekt sozialer Beziehungen zu sehen, dass wir sogar zu unbelebten Objekten ein persönliches Verhältnis aufbauen können. Schon Kleinkinder sehen in einem Spielzeug weit mehr als einen bloßen Gegenstand und betrachten eine Puppe oder einen Teddybären geradezu als ihren Freund. Spielt man ihnen einen Film vor, in dem beispielsweise eine große Plastikkugel, also ein ganz und gar unbelebtes Objekt, auf eine kleine losgeht, so reagieren sie mit Wut und freuen sich, wenn die liebe kleine Kugel der bösen großen die gemeine Attacke auf irgendeine Weise heimzahlt.

Dieses im Grunde merkwürdige Verhalten ist keineswegs auf Kinder beschränkt; noch im Erwachsenenalter, wenn wir es eigentlich besser wissen müssten, vermenschlichen wir unbelebte Gegenstände und vermeintlich übernatürliche Erscheinungen. Wir geben unserem Auto einen Namen, streicheln zärtlich seinen Lack und empfinden Trauer, wenn es verschrottet wird; wir erklären eine fehlerhafte Kalkulation damit, dass der Computer »mal wieder spinnt«, und reagieren geradezu eifersüchtig, wenn er einem Kollegen freudig zu Willen ist. Wir beschimpfen unseren Zahn, wenn er uns Schmerzen bereitet, und verfluchen das Wetter, wenn es unsere Pläne durchkreuzt. Dichter und Schriftsteller machen sich diese Neigung zunutze und verstärken bewusst die Empfindung, die sie in uns hervorrufen wollen, indem sie metaphorisch von der Mutter Natur sprechen oder davon, dass die Sonne vom Himmel lacht und Wellen am Ufer lecken.

KÖRPERSPRACHE

Derartige Gefühlsregungen müssen wir keinesfalls in Worte fassen, damit sie von anderen verstanden werden – vielmehr sind wir seit Urzeiten in der Lage, uns mindestens genausogut allein durch unsere Gestik und Mimik auszudrücken. Kommunikationsforscher gehen sogar davon aus, dass wir durch die Körpersprache mehr Informationen austauschen als mithilfe von Wörtern und Sätzen, wie inhaltsschwer diese auch sein mögen. Und obwohl verschiedene Kulturen durchaus unterschiedliche Gesten verwenden, mit denen sie ihre Gefühle und Absichten anderen gegenüber mitteilen, hat sich für einige grundlegende Empfindungen so etwas wie eine universelle Ausdrucksweise herausgebildet, die in sämtlichen menschlichen Gesellschaften überall auf der Welt verstanden wird. Dabei handelt es sich – wie bereits bei der Erörterung des Ekelgefühls erwähnt – um die Empfindungen Freude, Überraschung, Furcht, Ekel, Trauer, Wut und Verachtung. Die Art, unsere mimische Muskulatur anzuspannen und damit das Gesicht zu verziehen, ist bei diesen Grundemotionen so fest in die Gehirne aller Menschen dieser Welt eingraviert, dass wir – außer bei sehr guten Schauspielern – rasch erkennen, wenn sie nur aufgesetzt sind.

So ziehen sich beim echten Lachen nicht nur die Mundwinkel nach oben und geben den Anblick auf die Zähne frei, sondern zusätzlich kontrahieren sich auch die Ringmuskeln um die Augen, wodurch die charakteristischen »Krähenfüßchen« entstehen. Dagegen bleibt die Augenumgebung beim falschen, nur vorgetäuschten Lachen unbeteiligt: Es entsteht eine starr wirkende Maske, die sofort als nicht »von Herzen kommend« zu erkennen ist. Ähnlich ist es mit der Trauermiene: Ist sie nur aufgesetzt, sinken zwar die Mundwinkel nach unten, aber die Innenseiten der Augenbrauen heben sich nicht. Und bei künstlichem Zorn ziehen sich zwar Lippen und Augenbrauen zusammen, doch nur bei echter Wut wird auch das Lippenrot schmaler.

Dass nicht nur eine bestimmte Empfindung automatisch eine bestimmte Aktion der Gesichtsmuskulatur auslöst, sondern dass dieser Mechanismus erstaunlicherweise auch umgekehrt funktioniert, hat der Verhaltensforscher Paul Ekman in einem Versuch gezeigt, bei dem er Schauspieler, die ihre Mimik willentlich gut kontrollieren konnten, bat, bestimmte Gesichtsausdrücke zu produzieren. Dabei benannte er allerdings nicht das Gefühl, das die Schauspieler darstellen sollten – etwa: »Mach mal ein erstauntes Gesicht! –, sondern gab ihnen präzise Anweisungen, auf welche Weise sie Augen, Nase und Mund verziehen sollten. So forderte er sie beispielsweise auf: »Zieh die Mundwinkel nach unten und die Augenbrauen zusammen!« Gleichzeitig maß er die begleitenden Körperreaktionen wie Herzfrequenz, Blutdruck und Hauttemperatur. Und dabei stellte sich heraus, dass die Messwerte genau den körperlichen Veränderungen entsprachen, die normalerweise mit der entsprechenden Gefühlsregung einhergehen.

MIT HÄNDEN REDEN

Eine besondere Bedeutung haben Gesten im Zusammenhang mit der Sprache. Sie können Informationen weitgehend unabhängig vom Inhalt des Gesprochenen vermitteln und die Bedeutung von Wörtern und Sätzen verstärken oder abschwächen. Für die Übermittlung der Botschaft sind sie derart unverzichtbar, dass sie schon in der Antike fester Bestandteil des Lehrplans von Rhetorikkursen waren und bis heute noch immer sind. Nonverbale Signale können das gesprochene Wort lautmalerisch ersetzen, sie können einen Ausdruck – etwa durch Anzeigen einer Richtung oder Umschreiben einer Form mit den Händen – bildhaft begleiten, sie können bereits vor dem eigentlichen Sprechen – beispielsweise durch Kopfnicken – eine Information senden und sind – wie Tonfall und Lautstärke – unverzichtbarer Bestandteil der Sprache. Sie sind derart fest mit unseren Wortäußerungen verbunden, dass wir sogar beim Telefonieren mit den Händen gestikulieren, obwohl uns doch vollkommen klar sein muss, dass unser Gesprächspartner keine einzige Bewegung sehen kann.

Eine wichtige Aufgabe nicht ausgesprochener Signale besteht zudem darin, ein Gespräch zwischen zwei Menschen zu strukturieren. So kann man zwar um das Wort bitten, indem man den Finger hebt, dies ist jedoch allenfalls bei offiziellen Anlässen üblich. In einem zwanglosen Gespräch bedienen wir uns dagegen einer anderen Technik: Wir tun so, als ob wir den Sprecher unterbrechen wollten, indem wir zum Beispiel mehr oder weniger geräuschvoll die Luft einziehen oder durch Hin- und Herrutschen Unruhe ausstrahlen. Oft provozieren wir auch durch ein begleitendes Nicken oder ein zustimmendes »mhm«, dass der Gesprächspartner innehält und wir selbst das Wort ergreifen können.

All dies trägt dazu bei, dass wir in einem persönlichen Gespräch, bei dem wir unserem Partner in die Augen blicken und seine Gestik unmittelbar interpretieren können, weitaus mehr Informationen erhalten als beispielsweise durch ein Telefonat, bei dem wir unser Gegenüber nur hören, jedoch nicht sehen. Da bei einem derartigen, rein stimmlichen Informationsaustausch aber immer noch ein Großteil der Botschaft im Klang der Worte mitschwingt, erinnern wir uns – das haben zahlreiche Untersuchungen ergeben – selbst an eine telefonisch übermittelte Nachricht weitaus intensiver und länger als an eine, die wir lediglich als Brief, E-Mail oder SMS lesen.

Dass diese Mechanismen schon seit Urzeiten fest in uns verankert sind, beweist die Erkenntnis von Hirnforschern, wonach nichtsprachliche Signale in Teilen unseres Gehirns verarbeitet werden, die stammesgeschichtlich wesentlich älter sind als die eigentlichen Sprachzentren im Großhirn. Demnach waren unsere Urahnen, lange bevor sie die Sprache erfanden, recht gut in der Lage, sich allein durch Gesten und Grimassen zu verständigen. Kein Wunder daher, dass die nonverbale Kommunikation bis heute eher Gefühle produzierenden Gehirnteile in Aktion setzt als unseren Verstand.

MÄNNER UND FRAUEN

Obwohl er sich mit dem Fremden recht angenehm unterhält, erkennt Ugur schon bald, dass sich ihre Vorstellungen und Absichten nicht in Einklang bringen lassen. Mit bedauerndem Kopfschütteln erhebt er sich und begleitet den jungen Mann aus dem Zelt. Er achtet darauf, dass der Gast seine Waffen zurückerhält, und geleitet ihn zum Lagerausgang, wo er sich von ihm verabschiedet. Doch kaum ist der Fremde seinen Blicken entschwunden, macht Ugur sich gemeinsam mit Ruki auf die Verfolgung. So sympathisch ihm der angebliche Unterhändler auch war, will er doch sichergehen, dass er nicht vielleicht nur gekommen ist, um das Lager auszuspionieren, und jetzt auf dem schnellsten Weg zu in der Nähe wartenden Gefährten zurückkehrt, um gemeinsam mit ihnen die Jagdbeute zu rauben.

Zwei Tage folgen sie dem jungen Mann, dessen Spur sie in eine ihnen gänzlich fremde Gegend führt, dann kehren sie um. Als sie aus dem Schatten eines düsteren Waldes heraustreten, bemerken sie auf einer buschbestandenen Savanne eine einsame Hirschkuh, die, aufmerksam in alle Richtungen äugend, unruhig umhertappt. Offensichtlich hat sie sich von ihrem Rudel getrennt, um ihr verlorenes Junges zu suchen, das vielleicht beim Angriff eines Raubtieres in wilder Panik die Flucht ergriffen hat. Ohne ein Wort zu wechseln, werfen Ugur und Ruki sich gleichzeitig zu Boden. Dann formt Ugur mit den hohlen Händen einen Trichter und ahmt die ängstlichen Rufe eines verwaisten Hirschkalbs nach. Das Muttertier stoppt, blickt kurz zu ihnen herüber, dann setzt es sich in Bewegung und kommt, immer schneller werdend, genau auf sie zu. Die beiden Jäger nicken sich wortlos zu, dann kriechen sie, flach an den Boden gedrückt, hinter zwei benachbarte Büsche, ergreifen ihre Speere und holen in einer langsamen, synchronen Bewegung aus. Als die Hirschkuh nahe genug herangekommen ist, schleudern sie ihr die Waffen mit Wucht entgegen. Doch obwohl beide Lanzen treffen, bricht das Tier nicht zusammen, sondern ergreift in hohen Sprüngen die Flucht.

Die beiden Jäger wechseln enttäuschte Blicke, dann treten sie aus ihrem Versteck hervor und nehmen die Verfolgung auf. An der Stelle, an der das Tier getroffen wurde, finden sie im hohen Gras Ugurs Speer, den anderen muss die flüchtige Hirschkuh mitgenommen haben. Weit kann sie damit nicht kommen. Doch wider Erwarten zieht sich die Blutspur quer über die ausgedehnte Savanne und führt dann in ein angrenzendes Waldstück. Die Augen angestrengt auf den Boden gerichtet, folgen die Männer der Fährte aus dunkelroten Spritzern, die nach dem Wald über eine Hochfläche mit lichtem Baumbestand verläuft. Dann zieht sie sich durch dichtes Unterholz, durchquert eine felsige Senke und zwingt die Jäger schließlich, einen steilen Abhang hinunterzuklettern. Dort, am Fuß einer kegelförmigen Anhöhe, liegt das verendete Tier.

Nachdem Ugur und Ruki das begehrte Fleisch in zwei etwa gleich schwere Portionen aufgeteilt haben, treten sie den Heimweg an. Erst jetzt wird ihnen bewusst, dass die Verfolgung ihrer Beute sie in ein unwegsames, weit entferntes Gebiet geführt hat, das sie niemals zuvor betreten haben. Und dennoch sind sich beide sofort darüber im Klaren, wo sie sich befinden und in welche Richtung sie gehen müssen, um zu ihrem Lager zurückzufinden. Als sie aus einem dichten Wald auf eine lichte Fläche hinaustreten, muss Ruki seine Blase entleeren. Er sieht sich um und entdeckt einen niedrigen Busch, hinter dem er sich, während er praktisch wehrlos ist, verbergen kann, über den hinweg er dabei jedoch, hoch aufgerichtet, die Umgebung im Auge behält. Ugur tut es ihm hinter einem benachbarten Gehölz gleich.

Im Lager sitzt Wala in der Zwischenzeit inmitten einer Gruppe von Frauen, die damit beschäftigt sind, jedes verwertbare Stück Mammutfleisch von den Knochen zu schaben und gerecht unter sich aufzuteilen. Sie ist böse auf Ugur, weil er es offenbar nicht für nötig gehalten hat, ihr von seiner Absicht Bescheid zu geben, dem Fremden nachzuschleichen. Doch sie lässt sich ihren Ärger nicht anmerken. Natürlich weiß sie, dass er als Anführer der Sippe zur Abwehr einer möglichen Gefahr gezwungen war, den Unbekannten im Auge zu behalten. Doch die Enttäuschung, dass er, nachdem er erst kurz zuvor von einem Jagdzug zurückgekehrt war, nicht einmal die Zeit gefunden hat, sich mit einem Kuss von ihr zu verabschieden, nagt an ihr. Außerdem macht sie sich Sorgen um ihren Mann, der eigentlich längst zurück sein müsste.

Doch weil sie nicht will, dass irgend jemand merkt, wie es in ihr aussieht, beteiligt sie sich nach Kräften an dem munteren Geplauder der Frauen, die sich bei ihrer mühsamen Arbeit über alles unterhalten, was ihnen in den Sinn kommt: über die ergiebigsten Sammelgründe für Vogeleier, Wurzeln, Früchte, Pilze und Kräuter, über die Einrichtung ihrer Höhlen und Zelte, über Krankheiten der Kinder und nicht zuletzt über die Eigenheiten ihrer Ehemänner. Stundenlang springt ihr Gespräch von einem Thema zum anderen, bis sie schließlich von lautem Geschrei unterbrochen werden.

Gleich darauf berichtet ihnen eines der überall umherwuselnden Kinder voller Aufregung, dass Ugur und Ruki nicht nur wohlbehalten, sondern auch noch mit einer höchst erfreulichen Zusatzration Fleisch zurückgekehrt sind. Und während die beiden Jäger ihre Beute mit triumphierender Geste in der Mitte des Lagers ablegen und offensichtlich die bewundernden Blicke der anderen Männer genießen, beschließt Wala, ihrem Mann nicht mehr gram zu sein und ihm auf keinen Fall von den Sorgen zu berichten, die sie sich seinetwegen gemacht hat.

165

MITEINANDER REDEN

Dass Wala sich so angeregt mit ihren Stammesgenossinnen unterhalten konnte, verdankte sie einer einzigartigen Fähigkeit des Säugetiers Mensch, die es – wie auch den aufrechten Gang – mit keinem anderen Lebewesen dieser Erde teilt und mit der wir uns schon im Hinblick auf die begleitende Gestik beschäftigt haben: der Sprache. Sicher gibt es auch bei anderen Tieren und besonders bei hochentwickelten Säugern Lautäußerungen, die man getrost als Hilfsmittel der Kommunikation ansehen kann, aber eine derart komplexe Ausdrucksweise wie bei uns Menschen ist einzigartig. Hielt man früher den gezielten Gebrauch eigens angefertigter Werkzeuge für das entscheidende Kriterium, mit dem wir Menschen uns von unseren tierischen Verwandten unterscheiden, so hat diese Rolle inzwischen die Sprache als komplexes, symbolisches Kommunikationssystem übernommen.

Doch wie das Sprechen entstanden ist – darüber streiten sich die Gelehrten. Einig ist man sich allenfalls darüber, dass es sich über Jahrmillionen aus tierischen Lautäußerungen wie Knurren, Jaulen, Krächzen und Pfeifen herausgebildet hat. Schädel, die man von unserem vor etwa 2,5 bis 1,5 Millionen Jahren lebenden Vorfahren »Homo habilis« gefunden hat, weisen dort, wo bei uns das Sprachzentrum sitzt, eine deutliche Ausbuchtung auf, was darauf hinweist, dass er zumindest über ein sprachähnliches Kommunikationssystem verfügte. Und bei seinem Nachfolger, dem »Homo erectus«, der zwischen 1,6 Millionen bis 300 000 Jahre vor uns die Erde bevölkert hat, deuten die Form des Kiefers und eine die Tonbildung erleichternde Lage des Kehlkopfes darauf hin, dass er sich mit seinesgleichen bereits mithilfe einer differenzierten Wortsprache verständigte. Dennoch ist zu vermuten, dass wir wohl kaum in der Lage wären, die Lautäußerungen unserer frühen Vorfahren zu verstehen, die man sicher nur bedingt als Sprache im modernen Sinne mit all ihren vielfältigen Ausdrucksmöglichkeiten und Bedeutungsnuancen bezeichnen kann.

Auch die Schimpansen – wie bereits mehrfach erwähnt, aus Sicht der Evolution unsere tierischen Brüder und Schwestern – pflegen untereinander so etwas wie eine Unterhaltung. Bis zu dreißig verschiedene und immer wieder benutzte Lautäußerungen konnten Forscher bei ihnen unterscheiden und sie weitgehend als Rufe der Begrüßung, der Erregung, des Wohlbefindens, der Warnung und des Schmerzes entschlüsseln. Doch nicht nur ihre im Vergleich zu uns Menschen unzureichende Anatomie der Sprachorgane, sondern vor allem auch ihre nur sehr kurze kindliche Entwicklung lassen es gar nicht zu, dass die heranwachsenden Tiere eine Muttersprache regelrecht lernen, wie das menschliche Babys und Kleinkinder tun. Dieser Lernprozess nimmt immerhin etliche Jahre in Anspruch und endet – wenn überhaupt – erst in einem Alter, das viele Tiere in freier Wildbahn nur mit Mühe erreichen. Hinzu kommt, dass es keinesfalls einfach ist, eine Sprache, und sei es die eigene, zu erlernen. Ohne ein entsprechend großvolumiges Gehirn, das über komplexe Schaltvorgänge die Knorpel und Stimmbänder im Kehlkopf, den Rachen, das Gaumensegel sowie Zunge und Lippen perfekt koordiniert, ist das ganz und gar unmöglich.

Deshalb vermuten Evolutionsforscher einen engen Zusammenhang zwischen Gehirngröße und Spracherwerb: Je leistungsfähiger das Denkorgan unserer Vorfahren im Lauf der Menschheitsentwicklung wurde, desto leichter fiel es ihnen, eine Sprache zu erlernen; und umgekehrt förderte die Entwicklung der sprachlichen Fähigkeiten, die die bei den Schimpansen vorherrschende Körpersprache grundsätzlich überflüssig machte (obwohl wir ja gesehen haben, welchen Stellenwert diese für die zwischenmenschliche Kommunikation hat), wohl auch die Komplexität des Gehirns.

Der amerikanische Psychologe und Verhaltensforscher David Premack brachte einer Schimpansin namens Sarah bei, unterschiedlichen Plastiktafeln Begriffe wie beispielsweise »Apfel« und »Banane«, aber auch »essen« und »trinken« zuzuordnen. Später lernte Sarah auf diese Weise sogar, abstrakte Wörter wie »viel«, »wenig«, »eins«, »gleich« und »ungleich« auszudrücken. Nach jahrelangem Training gelang es der Schimpansin schließlich, durch gezielte Aneinanderreihung der Symbole satzähnliche Strukturen wie »Apfel ungleich Banane« auszudrücken. Damit bewies Premack, dass Menschenaffen grundsätzlich in der Lage sind, abstrakt zu denken und das Ergebnis ihrer Überlegungen anderen mitzuteilen. Niemals beobachtete er allerdings, dass Sarah die Symboltafeln auch dann benutzte, wenn sie allein im Raum war. Er schloss daraus, dass die Motivation, Wörter und Grammatik zu erlernen, vermutlich auch bei uns Menschen ursprünglich allein der Absicht entsprang, uns anderen mitzuteilen, und nicht etwa dem Bestreben, zu singen oder ein Buch zu lesen.

Hierzu passt die derzeit vorherrschende Auffassung, dass die Sprache nicht, wie lange Zeit angenommen, aus der Notwendigkeit entstanden ist, den urzeitlichen Männern eine effektivere Jagd zu ermöglichen, sondern dass sie ihren größten Nutzen in dem Bereich entfaltet, der uns von anderen Lebewesen unterscheidet: im sozialen Mit- und Füreinander. Oder wie es der amerikanische Sprachforscher Paul Bloom von der Yale-Universität formuliert:»Die Evolution hat viele Lebewesen mit Kommunikationssystemen ausgestattet, und die menschliche Sprache ist nur eine dieser Möglichkeiten, wenn auch eine äußerst leistungsstarke. Die Frage ist demnach, warum die Sprache nur für den Menschen, nicht aber für andere Tiere ein so mächtiges Werkzeug darstellt, und die Antwort hierauf liegt in unserer Besonderheit: Der Mensch ist ein außerordentlich soziales Tier.«

Exakt wird sich die Entwicklung der Sprache im Lauf der menschlichen Stammesgeschichte wohl nie rekonstruieren lassen, Tatsache ist jedoch, dass sie unseren Altvorderen in jeder Hinsicht sehr zustatten kam. Statt bei der Jagd nur einen vieldeutigen Warnruf ausstoßen zu können, war es ihnen damit möglich, präzise Informationen zu übermitteln. Bei der Verfolgung einer potenziellen Beute ist es ebenso wie beim Angriff eines gefährlichen Räubers von unschätzbarem Vorteil, wenn man den Kumpanen kurz und exakt mitteilen kann, was man beobachtet hat und was sie deshalb tun sollen. Hinzu kommt, dass die Sprache mehr als jede andere Kommunikationsform die Möglichkeit bietet, Erfahrungen an andere weiterzugeben und damit ein System von Lehren und Lernen zu etablieren. Auf diese Weise entstand im Lauf der Zeit ein Schatz an Wissen, von dem jede neue Generation profitierte und der sie davor bewahrte, Fehler ihrer Vorfahren immer wieder neu zu begehen.

So eröffnete die Sprache denen, die perfekt damit umgingen, aus Sicht der Evolution einen entscheidenden Überlebensvorteil: Diejenige Sippe, die sich bei der Jagd am präzisesten verständigte und damit ihre Kräfte optimal koordinierte, die aufgrund der von den Vätern überlieferten Erfahrungen strategisch optimal agierte, erlegte mehr und größere Beutetiere und verlor zudem weniger Krieger an gefährliche Räuber. Dass sich die steinzeitlichen Jäger ihrer Beute am abendlichen Lagerfeuer in lebhafter Unterhaltung und vielleicht sogar im gemeinsamen Singen viel besser erfreuen konnten als durch stummes Gestikulieren, kam als willkommene Nebenwirkung der Sprache hinzu.

Doch nicht nur die Männer profitierten von ihrer Fähigkeit, Gedanken, Absichten und Gefühle verbal auszudrücken. Auch für die Frauen, die oft gruppenweise Früchte und sonstige verwertbare Naturprodukte sammelten, die ihren Männern in mühsamer Handarbeit beim Enthäuten der Beutetiere, dem Durchbohren von Knochen, dem Schärfen der Stein- und Knochenwerkzeuge zur Hand gingen und zudem das Fleisch portionierten, die Sehnen durch Felle zogen und Kleidungsstücke anfertigten, war es höchst angenehm, wenn sie bei ihrer Arbeit miteinander plaudern und dabei all das besprechen konnten, was sie tagein, tagaus beschäftigte.

EIN MANN, EIN WORT ...

So ist es zu erklären, dass die Sprache für Männer und Frauen seit Urzeiten eine unterschiedliche Funktion hat: Dient sie den Männern hauptsächlich dazu, die Teamarbeit zu optimieren und zu diesem Zweck sachliche Informationen auszutauschen, Termine zu vereinbaren und Vorgehensweisen abzustimmen, so ist sie für Frauen ein wundervolles Instrument zum Gedankenaustausch, zur angeregten Unterhaltung und nicht selten sogar zum Zeitvertreib. Nirgends wird das deutlicher als am Telefon: Während Männer dieses Gerät mehrheitlich zur raschen Übermittlung ihnen wichtig erscheinender Botschaften verwenden und sich dabei auf das ihrer Ansicht nach Wesentliche beschränken, können Frauen sich per Telefon stundenlang mit ihren Freundinnen unterhalten und dabei »vom Hundertsten ins Tausendste« kommen.

Die weibliche Vorliebe für das Sprechen beginnt schon sehr früh: Normalerweise erlernen kleine Mädchen die ersten Wörter ein paar Wochen eher als kleine Jungen, sie erweitern ihre sprachlichen Fähigkeiten rascher – ein dreijähriges Mädchen verfügt nicht selten über einen doppelt so großen Wortschatz wie ein gleichaltriger Junge – und sie sind früher in der Lage, Wörter zu einfachen Sätzen zu verbinden und verständlich zu reden. Richtig auffällig wird die überragende Bedeutung sprachlicher Kommunikation für Mädchen dann in der Pubertät. Generationen genervter Eltern können ein Lied davon singen: In Zeiten, in denen sich ihre heranwachsende Tochter nicht gerade in der Schule aufhält, haben sie praktisch keine Chance, selbst Telefongespräche zu führen, da der Apparat permanent belegt ist. Erst seit moderne Technik die parallele Benutzung von zwei Leitungen zulässt, hat sich die Situation entschärft – und das auch nur, sofern nicht gleich zwei junge Damen das Haus bevölkern, die dank der modernen Technik nun nicht mehr gezwungen sind, einen Zeitplan aufzustellen, wer wann wie lange telefonieren darf.

Jungen dagegen pflegen sich ihre Väter zum Vorbild zu nehmen und belegen das Telefon nur einen Bruchteil der Zeit, die ihre Schwestern damit zubringen. Wie steinzeitliche Jäger, die ihr Vorgehen durch knappe Hinweise und Anweisungen koordinierten und optimierten, rufen sie einen Freund im Allgemeinen nur an, wenn sie ihm etwas mitzuteilen haben oder von ihm eine wichtige Information benötigen. Das ändert sich allenfalls, wenn der Anruf einem Mädchen gilt, doch selbst dann erreicht das männliche Sprechbedürfnis nicht annähernd die Dimensionen zwischenweiblicher Kommunikation. Fragt man ein Mädchen, wie ein Schulfest, ein Tanzstundenabend oder ein Besuch in der Disco war, wird sie wahrscheinlich detailliert beschreiben, wer anwesend war, wer welche Kleidungsstücke trug und wer wann was zu wem gesagt hat; ein Junge dagegen wird dieselbe Frage voraussichtlich mit einem kargen »Ging so« beantworten.

Exakte wissenschaftliche Untersuchungen haben allerdings gezeigt, dass sich die Frage, wer eigentlich mehr spricht – Frauen oder Männer – gar nicht so einfach beantworten lässt. Zwar sollen weibliche Feten, glaubt man entsprechenden Studien, ihren Kiefer bereits im Mutterleib 30-mal häufiger bewegen als männliche, und Frauen sollen exakten Zählungen zufolge jeden Tag durchschnittlich 23 000 Wörter sprechen, während Männer es nur auf etwas mehr als die Hälfte bringen. Doch der jeweilige Anlass spielt eine entscheidende Rolle. Männer, die in grauer Vorzeit vor allem bei der Jagd, also gleichsam im Beruf sprechen mussten, sind in der Regel noch heute die eifrigeren Redner, wenn sie sich bei öffentlichen Anlässen äußern, während Frauen eindeutig im privaten Umfeld die Eloquenteren sind. Die meisten Worte machen Frauen in heimischer Umgebung, wo sie sich geborgen fühlen, und am liebsten sprechen sie mit vertrauten Menschen, die sie sympathisch finden. Männer dagegen schwingen sich eher zu langen Reden auf, wenn es darum geht, ihre Unabhängigkeit und ihren sozialen Status in einer hierarchischen Ordnung zu bewahren. Bei solchen Gelegenheiten glänzen die Herren der Schöpfung gerne mit ihrem Wissen, ihrer vermeintlich bestechenden Logik und ihrer Überzeugungskraft und lenken mit Anekdoten, Witzen und scheinbar verblüffenden Informationen die Aufmerksamkeit auf sich.

Dass Männer tatsächlich eher zweckbezogen – meist in kurzen, einfach strukturierten Sätzen – kommunizieren und gerne still sind, wenn es zum Sprechen keinen konkreten Anlass gibt, zeigt sich beispielsweise bei zwei Anglern, die stundenlang nebeneinander an einem Fluss oder See hocken können, ohne mehr Wörter miteinander zu wechseln, als zum Fang möglichst vieler und großer Fische unbedingt erforderlich ist. Dabei fühlen sie sich durchaus wohl und sind weit davon entfernt, sich ihre Wortkargheit gegenseitig vorzuwerfen. Bei zwei Frauen in ähnlicher Situation wäre das undenkbar. Sie würden sich »über Gott und die Welt« unterhalten, und falls eine von ihnen auch nur einige Minuten schwiege, würde die andere das als Zeichen einer Verstimmung oder zumindest einer Meinungsverschiedenheit auffassen.

EIN MANN, EIN WORT … 171

Um es zusammenzufassen: Seit Urzeiten führen die meisten Männer nur höchst ungern Gespräche, die kein anderes Ziel haben als das Gespräch selbst; sie reden gerne mit jemandem, der in derselben Branche arbeitet oder dieselben Interessen hat, kurz, sie unterhalten sich mit anderen, wenn sie sich davon einen Nutzen versprechen. Für Frauen ist Reden dagegen oft Selbstzweck; sie sprechen gerne über gemeinsame Bekannte, teilen sich gegenseitig Vorlieben, erfreuliche Begebenheiten, private Pläne, aber auch schlimme Erlebnisse und Ängste mit und fühlen sich – das ist das Entscheidende – danach erheblich wohler.

DU VERSTEHST MICH NICHT

Deshalb ist es kein Wunder, dass Frauen oft darüber klagen, von ihrem männlichen Partner nicht verstanden zu werden, was umgekehrt natürlich genauso gilt. In ihrem Buch »Du kannst mich einfach nicht verstehen« spricht die Linguistin Deborah Tanner denn auch vom großen »Aneinander-Vorbeireden«. Frauen plappern noch immer wie in der urzeitlichen Höhle, wo sie während handwerklicher Tätigkeiten mit Stammesgenossinnen den Zusammenhalt innerhalb der Sippe festigten, indem sie plauderten, sich gegenseitig ihre mehr oder minder erfreulichen Erlebnisse erzählten und sich dabei das Herz ausschütteten, während Männer die gegenseitige Kommunikation auch heute noch zum großen Teil als Mittel zur Lösung tatsächlicher oder vermeintlicher Probleme einsetzen.

Dort, wo sie ungefiltert aufeinanderprallen, sind die »Berichtssprache« der Männer und die »Beziehungssprache« der Frauen nach wie vor eine stete Quelle von Missverständnissen, unerfüllten Erwartungen und tiefen Enttäuschungen. Waren die steinzeitlichen Jäger gezwungen, bei ihrer Tätigkeit den Empfang und das Begreifen einer Anweisung mit einer knappen, das Wild nicht verscheuchenden Geste, einem Kopfnicken oder allenfalls einem gebrummten »hm« zu quittieren, erscheint ein derartiges männliches Verhalten den heutigen Frauen als Zeichen von Ignoranz und Herzenskälte. Schildert eine Frau ihrem Mann ein Problem, so tut sie das wie einst in der steinzeitlichen Runde vor allem aus einem Grund: um sich ihren Kummer »vom Herzen zu reden«. Dabei erwartet sie ganz selbstverständlich, dass er sie anhört und auf sie eingeht, während er – ganz der auf Effizienz geeichte Jäger – ihr sofort eine vermeintlich schlaue Lösung anbietet – genau das, worauf sie momentan überhaupt keinen Wert legt.

Hat dagegen der Mann ein Problem, so denkt er gar nicht daran, es seiner Frau zu offenbaren. Vielmehr folgt er der urzeitlichen Angewohnheit, es auf sich selbst gestellt zu lösen, verkriecht sich gedanklich in sein Inneres und brütet wortlos so lange, bis er einen vermeintlichen Ausweg gefunden hat. Frauen betrachten dies oft als Zeichen mangelnden Vertrauens und übersehen dabei, dass der ein Mammut verfolgende Steinzeitjäger nicht bei jeder Schwierigkeit zurück ins Lager eilen konnte, um der Ehegattin seinen Kummer zu offenbaren und sie um seelischen Beistand zu bitten.

Vergleicht man uns Menschen hinsichtlich unserer Kommunikationsfähigkeit mit Schimpansen, so bestehen zwischen den männlichen Individuen der beiden Spezies kaum Unterschiede: Hier wie dort handelt es sich bei den sozialen Kontakten, die sie untereinander pflegen, um eine Art hierarchischer Verbindungen. Das gilt sogar für Affenmänner im Zoo. Hält man jedoch Schimpansenweibchen in Gefangenschaft, so sind sie in der Lage, verhältnismäßig komplexe Sozialkontakte zu bilden, die denen menschlicher Frauen ähneln, wobei sie den Eindruck erwecken, dies nicht nur einer konkreten Absicht oder eines persönlichen Vorteils wegen, sondern schlicht aus einer gewissen Sympathie heraus zu tun. Daher erstaunt es nicht, dass Freundschaften zwischen in Zoos aufgezogenen Schimpansinnen oft ein Leben lang halten, während die Zweckbündnisse ihrer männlichen Artgenossen in der Regel nur von kurzer Dauer sind.

Doch die seit Urzeiten wirksamen Mechanismen, die für die Unterschiede in der männlichen und weiblichen Sprechweise verantwortlich sind, wirken sich nicht nur auf die Sprache selbst, sondern erkennbar auch auf deren nonverbale, mimische Begleitung aus. Während eine Frau auf die Worte ihres Gesprächspartners und noch weit mehr auf diejenigen ihrer Gesprächspartnerin im Allgemeinen mit einer Fülle unterschiedlicher Gesichtsausdrücke reagiert und damit ihr Mitgefühl sehr deutlich zur Schau stellt, zeigt sich im Mienenspiel des Mannes der steinzeitliche Jäger, der angestrengt zu vermeiden trachtet, dass ein potenzieller Gegner seine Gedanken errät. Ob dies tatsächlich der Grund für das auffallend starre Gesicht ist, mit dem viele Männer scheinbar ihre Gefühle verbergen, lässt sich natürlich nur vermuten – fest steht aber, dass ihre unbewegte Maske keinesfalls bedeutet, dass sie nichts empfinden.

Bei Untersuchungen mit Magnetresonanztomografie-Geräten, mit denen man die Gehirnaktivitäten während einer bestimmten Aktion sichtbar machen kann, hat sich nämlich gezeigt, dass Männer genauso intensive Emotionen erleben wie Frauen – sie vermeiden nur, sie offen zur Schau zu stellen. Das ist sicher zum größten Teil auf das archaische Erziehungsprinzip zurückzuführen, das schon kleinen Jungen verbietet zu weinen. »Männer werden dazu erzogen, alle Emotionen zu unterdrücken, außer – unter bestimmten Umständen – Ärger und Zorn«, schreibt dazu der amerikanische Psychologe Jonathan Kramer. »Von klein auf bringt man ihnen bei, beherrscht und gelassen zu sein, besonders in schwierigen oder gefährlichen Situationen.«

SCHALLENDES GELÄCHTER

Hierin liegt wohl auch der Grund, warum Männer und Frauen auf höchst unterschiedliche Weise lachen. Denn nach Ansicht von Psychologen ist Lachen eines der ältesten Kommunikationsmittel des Menschen, das unsere urzeitlichen Vorfahren, lange bevor sie sprechen konnten, zur gegenseitigen Verständigung nutzten und damit – wie heute auch – Botschaften übermittelten, die trotz ihrer Lautstärke niemand anderen als den Empfänger erreichten. Biologen gehen davon aus, dass das Lachen im Lauf der menschlichen Evolution aus dem lautlosen Zähneblecken der Affen entstanden ist, einer Geste, mit der Schimpansen und Gorillas nach wie vor ihre Bereitschaft zur Unterordnung und damit den Willen zur Harmonie signalisieren.

Dass sich das Lachen bei unseren Vorfahren tatsächlich lange vor der Sprache entwickelt hat, zeigt die Tatsache, dass beide Lautäußerungen verschiedenen Regionen des Gehirns entspringen. Während sich die Wortsprache im vorderen Teil der Großhirnrinde formt, hat das Lachen seinen Ursprung im entwicklungsgeschichtlich sehr alten Teil des für die Gefühle zuständigen limbischen Systems.

Besonders intensiv hat sich mit diesem Phänomen die Wissenschaftlerin Jo-Anne Bachorowski von der Vanderbilt-Universität im US-Bundesstaat Tennessee beschäftigt. Sie fand heraus, dass Männer und Frauen in völlig unterschiedlichen Tonlagen lachen. Während Männer dies meist im tiefsten Brummbass tun, schrauben Frauen den Ton in beachtliche Höhen, im Extremfall sogar so hoch, dass Gläser zerspringen können. Außerdem klingt ein Lachausbruch bei Frauen eher melodisch, während Männer sich meist mit schlichten Brumm- und Grunzlauten begnügen.

Diese Tatsache führt Bachorowski auf die unterschiedlichen Aufgaben zurück, die beide Geschlechter über Hunderttausende von Jahren im Familienleben erfüllten. Während die Männer auf der Jagd ruhig sein mussten und allenfalls abends am Lagerfeuer lauthals lachen durften, beschäftigten sich die Frauen mit den Kindern, die bekanntlich lange, bevor sie reden können, ihre Mutter anlachen. Selbst taub oder blind geborene Babys beginnen mit etwa vier Monaten, lauthals zu lachen, wenn man sie kitzelt oder selbst anlacht. Deshalb vermutet Bachorowski, dass Frauen ein größeres Tonrepertoire entwickelt haben, weil sie seit jeher in der Lage sein mussten, ihre Babys zum Lachen zu bringen – eine Aufgabe, vor die die steinzeitlichen Jäger sich nur höchst selten gestellt sahen. Daher erstaunt es auch nicht, dass Frauen ihr nuancenreiches Lachen weit mehr als Männer ihre eher monotone Variante beim Flirten, also zur Partnersuche einsetzen. In zahlreichen Versuchen fand Bachorowski heraus, dass Frauen besonders ausgiebig dem anderen Geschlecht zulachen, während Männer am häufigsten und heftigsten lachen, wenn sie unter ihresgleichen sind.

SCHALLENDES GELÄCHTER 175

MÄNNERBÜNDE

Unter ihresgleichen sind Männer nämlich ausgesprochen gern – so gern, dass sie sich mit Vorliebe zu Gruppen, Bünden und Vereinigungen zusammenschließen. Deshalb erscheint Frauen das Verhalten von Männern, die sie zum ersten Mal im Kreis ihrer Geschlechtsgenossen erleben, nicht selten vollkommen unverständlich. Seinen Ursprung hat dieses Benehmen in den Sitten und Gebräuchen der archaischen Männerhorden, die bei Jungen im Allgemeinen während der Pubertät mit voller Wucht durchbrechen. Wenn die Stimmhöhe sinkt, wenn Scham- und Barthaare sprießen und die angehenden Männer sich selbst nicht mehr verstehen, verändern sie auch ihr bisher vielleicht durchaus manierliches Benehmen und setzen fortan alles daran, möglichst rüde und unnahbar zu wirken. Und da ihre Eltern der abrupten Wandlung im Allgemeinen fassungslos gegenüberstehen, bleibt den Jungen gar nichts anders übrig, als sich – ihrem urzeitlichen Instinkt folgend – zu Banden Gleichgesinnter zusammenzuschließen und wie Wolfsrudel durch die Gegend zu streunen. Hier lernen sie, um ihren Platz in der Gruppenhierarchie zu kämpfen, persönliche Angriffe zu ertragen und ihrerseits selbst ungehemmt Aggressionen zu zeigen.

Aus diesen rein männlichen Gruppierungen, deren Mitglieder aus einem tief empfundenen Selbstverständnis heraus in ihren Reihen keine Frauen dulden oder ihnen nur bei besonderen Anlässen Zutritt gewähren (was die Exklusivität noch steigert), haben sich Männerbünde wie studentische Korporationen, Sportvereine und Wissenschaftszirkel, aber auch noble englische Clubs und Freimaurerlogen entwickelt. Neue Mitglieder werden – wie einst die zu jagdfähigen Jünglingen herangereiften Knaben – nach Einweisung in die Gesetze und Denkstrukturen der Gruppe unter feierlichen Zeremonien und allerlei skurrilen Ritualen aufgenommen und dürfen fortan die Erkennungsmarken der Vereinigung – Abzeichen, Bänder, Mützen oder Uniformen – tragen. Das alles dient der Aufrechterhaltung der Gruppensolidarität sowie der Abgrenzung gegen Außenstehende und verleiht den neu Hinzugekommenen ein Gefühl der Zugehörigkeit zu ei-

176   MÄNNER UND FRAUEN

ner verschworenen Gemeinschaft, von der sie Loyalität und Hilfe in bedrohlichen Situationen erwarten dürfen. Ein bewährtes Verfahren zur Kräftigung des Zusammenhalts ist das bewusste Heimlichtun, die Abgrenzung von der Außenwelt, nicht selten in Verbindung mit einer elitären Ausdrucksweise – man denke nur an die Jägersprache – sowie einer eigenartigen Symbolik und rätselhaften Gebräuchen.

Hin und wieder wird der Verdacht laut, bei derartigen Vereinigungen handele es sich um Zusammenschlüsse von homosexuell Veranlagten, aber damit verkennt man deren Wesen gründlich. Denn in den Gruppen Gleichgesinnter geht es überhaupt nicht um Sexualität, sondern vielmehr um die moderne Ausprägung der uralten Bindung von Mann zu Mann beim jagdlichen Treiben. Die Tatsache, dass rein maskuline Stammtische, Vereine und andere Gruppen für einen Großteil der Männer nach wie vor eine enorme Bedeutung haben, zeigt, wie sehr die Urtriebe ihrer jagenden Vorfahren noch immer in ihnen wirken.

Dazu schreiben die Anthropologen Lionel Tiger und Robin Fox in ihrem Buch »Das Herrentier – Steinzeitjäger im Spätkapitalismus«: »Männer gehen in unterschiedlichen Situationen solche Beziehungen ein – zum Beispiel, wenn es um Macht, Stärke und gefährliche Aufgaben geht – und schließen Frauen aus diesen Bündnissen bewusst und emotional aus. Solche Freundschaften mit einem starken Bündnisaspekt haben biologische Wurzeln, die in prähistorischer Zeit liegen, als Männer gruppenweise jagten und Nahrung sammelten, damit sie ihren Familienverband verteidigen konnten.« Und an einer anderen Stelle heißt es: »Wenn wir die Erfordernisse des Jägerdaseins und die Verantwortung für die Nahrungsbeschaffung berücksichtigen, die in der lange währenden Entwicklungsphase den Männern aufgebürdet wurde, dann erkennen wir den übermächtigen Selektionsdruck zugunsten des Mannes, der zwecks Erfüllung seiner Aufgaben als Jäger und Verteidiger mit seinen männlichen Artgenossen erfolgreiche Bindungen eingehen musste. Der Einzelgänger war wahrscheinlich ein toter Mann – jedenfalls ein Mann, der weniger Chancen hatte, einen wirksamen Beitrag zum Genbestand zu leisten.« Und einen Bei-

MÄNNERBÜNDE 177

trag zum Genbestand zu leisten, die eigenen Erbanlagen also möglichst zahlreich an die Nachkommen weiterzugeben, ist nach wie vor der entscheidende Maßstab für den evolutionären Erfolg, den Darwin mit dem ebenso bekannten wie vielfach missverstandenen Begriff »Survival of the Fittest« umschrieben hat.

Manche Frauen verübeln es ihren Männern, wenn sie sie allein lassen, um ihre Zeit mit Sportkameraden, Bundesbrüdern oder Clubfreunden zu verbringen. Doch damit tun sie ihnen nach Meinung von Desmond Morris, Autor des Bestsellers »Der nackte Affe«, unrecht. »Was die Männer tun«, schreibt er, »ist nichts als ein moderner Ausdruck des alten, unserer Art angeborenen Dranges zur männlichen Jagdgemeinschaft. Und der ist beim nackten Affen genauso elementar wie die Paarbindung zwischen Mann und Frau – hat er sich doch schließlich in engstem Zusammenhang mit dieser entwickelt. Und so wird es auch bleiben – mindestens so lange, bis es bei uns zu einem größeren Wandel im Erbgefüge kommt.«

ROCKIGE BANDE

Die Tatsache, dass, wie seit Urzeiten, Jungen und Männer auch heute noch die Ungewissheit und eigentümliche Spannung der Jagd in weit höherem Maße empfinden und genießen als Mädchen und Frauen, zeigt sich unter anderem in einer weiteren Analogieform: der Rockband. Diese besteht so gut wie immer ausschließlich aus Männern, die Musik machen wie eine Schar wilder Krieger; sie widmen sich einer Melodie, improvisieren das Motiv, geben es von einem zum anderen weiter, beschäftigen sich einzeln und paarweise damit, nehmen es gemeinsam wieder auf und treiben es lärmend einem Höhepunkt entgegen. Dabei geraten sie in eine Art Ekstase, um anschließend ermattet innezuhalten und gemeinsam das Hochgefühl der Perfektion auszukosten.

Keine weibliche Band ist dazu gleichermaßen imstande, obwohl sich natürlich auch Frauen von den wilden Rhythmen beeindrucken lassen. Denn die Art, Musik zu machen, entspricht dem Vorgehen bei der Jagd; gemeinsam ist beiden Aktivitäten die wortlose Übereinkunft und das unausgesprochene, dabei jedoch überaus präzise Zusammenwirken der Beteiligten: Du spielst jetzt ein Solo, dann bin ich dran, anschließend übernehmen wir gemeinsam, jetzt steigern wir Lautstärke und Tempo, treiben uns gegenseitig bis zur Erschöpfung, und dabei harmonieren wir jederzeit perfekt. Talentierte Jungen lernen so etwas ganz von selbst, ohne dass man es ihnen vormachen müsste, und dabei bringen sie es bisweilen zu einer derartigen Perfektion, dass ihren Eltern vor Staunen der Mund offen steht. Die Übereinstimmungen mit der urzeitlichen Männerjagdgruppe sind offensichtlich: Musik wird zur Analogie des Beutetriebs.

DAS BÜRO ALS JAGDREVIER

Ein ähnlich enges, aus urzeitlichen jagdlichen Motiven entstandenes Verhältnis wie zu ihren Bünden und Musikbands haben viele Männer zu ihrem Beruf, wobei das eine das andere ja nicht ausschließt. Ihre tägliche Arbeit betrachten sie als eine Art Jagdersatz und widmen sich ihr daher voller Hingabe. Ja es scheint sogar so zu sein, dass der Beruf nicht nur an die Stelle der Jagd getreten ist, sondern von ihr sogar manchen Zug übernommen hat. So wie unzählige Generationen von Jägern morgens loszogen, um Nahrung für ihre Familien zu beschaffen, beginnt die Arbeit für viele Männer auch heute noch mit dem Weg zu den »Jagdgründen«, wo sich ihnen allerlei Gelegenheiten zu Wechselbeziehungen von Mann zu Mann bieten. Und wie bei der Jagd ist für produktives Arbeiten die vorausschauende Planung einer koordinierten Strategie entscheidend. Dabei bedienen Männer sich auch heute noch mit Vorliebe kommunikativer Wechselbeziehungen, die für Außenstehende möglichst schwer zu durchschauen sind und auf diese Weise den Zusammenhalt der Gruppe fördern.

Fragt man Männer, warum die Arbeit für sie einen so hohen Stellenwert einnimmt, so bekommt man zur Antwort, sie müssten schließlich Geld herbeischaffen, um ihre Familie zu versorgen, was man durchaus als Analogie zum urzeitlichen Zwang des Beutemachens auffassen kann. Die modernen Beziehungsideale, die Mann und Frau im Hinblick auf das Geldverdienen, aber auch auf die Sorge um Heim und Nachwuchs auf eine Stufe stellen und damit scheinbar das uralte Patriarchat überwinden, erweisen sich bei näherem Hinsehen oft als höchst fragile Elemente im Bewusstsein der Beteiligten. Denn sowohl im Selbstverständnis der Männer als auch in dem vieler Frauen verbirgt sich nach wie vor ein archaisches Rollenverständnis, das ihr Verhalten steuert, ohne dass es ihnen möglicherweise überhaupt bewusst wird.

Das über Jahrmillionen in unsere Gehirne geprägte Muster des Jägers, der in der Wildnis unter Einsatz all seiner geistigen und körperlichen Fähigkeiten, ja sogar seines Lebens zur Ernährung seiner Sippe Tiere erlegt, während seine Frau in der heimischen Höhle das Feuer hütet und den Nachwuchs versorgt, lässt sich in wenigen hundert nachsteinzeitlichen Generationen nicht so einfach auslöschen. Vielmehr scheint dieses Rollenbild nach wie vor besonders das Verhalten der Männer zu bestimmen; und obwohl sie ihre Abenteuer und Heldentaten schon längst nicht mehr in der gefahrvollen Umgebung von Savanne und Dschungel, sondern vorzugsweise an Computerbildschirmen in klimatisierten Räumen vollbringen, fühlen sie sich noch immer wie ihre Urahnen aus grauer Vorzeit, von deren Mut und Einsatzbereitschaft das Wohl der ganzen Sippe abhing. Kein Wunder, dass sie es bei dieser Selbsteinschätzung oft mit dem Engagement dermaßen übertreiben, dass für Frau und Kinder keine Zeit und schon gar keine Energie mehr übrigbleibt.

Umfragen haben ergeben, dass in 70 bis 80 Prozent der deutschen Haushalte nach wie vor die Frau die Wäsche erledigt, das Bad reinigt und die Küche aufräumt, während 60 Prozent der Männer allenfalls hin und wieder das Auto waschen und sich im Haushalt, wenn es hochkommt, um die Erledigung kleinerer Reparaturen kümmern. Während für den Großteil der Frauen die Familie das Wichtigste im Leben ist, sehen die meisten Männer nach wie vor den Beruf als alles überragenden Daseinsinhalt an. Ganz besonders gilt dies für diejenigen, die in der Wirtschaft eine leitende Position innehaben, aber auch Selbstständige, Künstler, Lehrer und Beamte pflegen das althergebrachte Rollenverständnis in hohem Maße.

Wie schwer vielen Männern der Abschied aus ihren Jagdgründen fällt, wird aus den Problemen deutlich, die sie haben, wenn das Berufsleben zu Ende geht und sie sich in den Ruhestand zurückziehen. Je mehr sie in ihrer bisherigen Tätigkeit ein – wenn auch unbewusstes – Pendant zur gemeinsam ausgeübten Jagd ihrer Urahnen sehen, desto schmerzhafter empfinden sie den plötzlichen Verlust von Kollegen und Freunden und reagieren mit einer gereizten Niedergeschlagenheit, die bis hin zur Depression führen kann. Kein Wunder also, dass Männer in diesem Lebensabschnitt nicht selten anfangen, massiv zu trinken, oder sich in – vielfach nur vermeintliche – Krankheiten flüchten. Selbst für diejenigen, denen ihr Job nie wirklich Spaß gemacht hat, scheint der Gedanke unerträglich zu sein, von einem Tag auf den anderen nicht mehr gebraucht zu werden. Dass die Jagdgemeinschaft fortan ohne sie auskommen soll, ist ihnen ganz und gar unverständlich, und tief in ihrem steinzeitlich geprägten Inneren warten sie – freilich meist vergeblich – auf ein Signal ihrer Kumpane: »Mach doch wieder mit. Ohne dich sind wir aufgeschmissen!«

KAMPFESLUST

Einen anderen Ausgleich für die urzeitliche Jagd stellt der Sport dar, der für viele Männer deshalb eine geradezu unglaubliche Bedeutung hat. Dabei geht es ihnen mehrheitlich gar nicht darum, selbst aktiv zu werden, vielmehr fühlen sie sich vielfach schon dann als kühne Jäger, wenn sie das sportliche Geschehen von der Tribüne eines Stadions oder – noch ein wenig passiver – am heimischen Bildschirm verfolgen. In beiden Fällen fiebern sie derart mit den favorisierten Athleten oder der Mannschaft ihres Herzens mit, dass man denken könnte, es gehe um Leben oder Tod.

Mühelos und für viele Frauen vollkommen unverständlich gelingt es ihnen, sich derart mit dem Spiel ihres Fußballteams zu identifizieren, dass sie das intensive Gefühl haben, aktiv mitzuwirken. Jeder gelungene Spielzug versetzt sie in Entzücken, und eine misslungene Aktion bringt sie zur Verzweiflung. Obwohl ihnen eigentlich klar sein müsste, dass der Schiedsrichter sie nicht hören kann, beschimpfen sie ihn, wenn er ihrer Ansicht nach eine falsche Entscheidung getroffen hat, und wenn er dem favorisierten Team einen unberechtigten Elfmeter zuspricht, feixen sie vor Schadenfreude. Schießt »ihr« Fußballverein ein Tor, jubeln sie wie einst Ugur und Kumpane beim Erlegen eines Wollnashorns, und verliert er, ist für sie nicht selten das ganze Wochenende verhunzt. Dazu schreibt der amerikanische Psychologe Perry Garfinkel in seinem Buch »In a Man's World«: »Selbst wenn Männer über Sport reden oder sich ein Spiel anschauen, nehmen sie eine kämpferische Haltung an. Ich habe schon beobachtet, wie Männer einen richtig blutrünstigen Blick bekamen, wenn sie darüber debattierten, ob der Ball jetzt aus gewesen war oder nicht.«

Tatsache ist, dass Männer Hunderttausende von Jahren in Gruppen zur Jagd gingen und dabei ihre körperlichen Attribute wie Ausdauer, Härte und Schnelligkeit, aber natürlich auch geistige Qualitäten wie vorausschauendes Einschätzen und das Ersinnen tückischer Listen trainierten. All das entfällt für den modernen Mann, obwohl es in seinen Genen durchaus noch wirkt; deshalb *muss* er geradezu nach einer Möglichkeit suchen, seine Qualitäten zur Geltung zu bringen. Und hierzu ist nichts besser geeignet als der Sport. Schon kleine Jungen schießen mit Begeisterung Bälle durch die Gegend, und wenn sie erwachsen werden, sehen sie keine Veranlassung, damit aufzuhören. Deshalb kann man beispielsweise auf Autobahnparkplätzen gestandene Männer beobachten, die mit offensichtlichem Vergnügen allein zur Entspannung einen Fußball hin- und herkicken; für Frauen absolut unverständlich und von ihnen fälschlicherweise als kindliches oder – noch schlimmer – kindisches Verhalten abgetan.

Das urzeitliche Verlangen, sich mit einem Gegner zu messen, ist für viele Männer so unwiderstehlich, dass sie auch Wettkämpfe, die mit Sport nur wenig gemeinsam haben, mit atemloser Spannung verfolgen und sich noch lieber selbst daran beteiligen. Ob es um Kartenspiele wie Skat oder Schafkopf geht oder darum, einen anderen unter den Tisch zu trinken, stets widmen sie sich der Herausforderung mit geradezu fanatischer Inbrunst und leiden wie ein getretener Hund, wenn sie verlieren. Ganz besonders gilt das für solche Exem-

plare der Gattung Mann, die ansonsten ein eher ödes Dasein ohne pri-
ckelnde Herausforderungen fristen. Je langweiliger und eintöniger
der Beruf ist, desto größer ist vielfach die Sportbegeisterung. Irgendwo muss ein Mann einfach den urzeitlichen Jäger rauslassen,
und je besser seine Frau sich darauf einstellt, desto leichter hat sie es
mit ihm.
Eine in dieser Hinsicht ideale Ehefrau hat vielleicht sogar Verständnis dafür, dass ihr Mann aus dem Fußballstadion – nicht selten
mit den Vereinsfarben im Gesicht – vollkommen heiser oder allenfalls
unverständlich krächzend zurückkommt. Denn so wie unsere steinzeitlichen Ahnen vor Auseinandersetzungen mit einer feindlichen
Sippe berauschende Getränke zu sich nahmen und anschließend in
wilde Schlachtgesänge verfielen, gehört es für den wahren Fußballfan
auch heute noch dazu, sich im Stadion mit Bier aufzuputschen, um
anschließend ausdauernd und lautstark die eigene Mannschaft anzu-
feuern und das gegnerische Team mit Schmähgesängen zu verspot-
ten. Zwar wurden die steinzeitlichen Tonfolgen mittlerweile durch
die Melodie von »Yellow Submarine« – etwa bei dem ebenso bekannten wie geistreichen Song »Zieht den Bayern die Lederhosen aus!« –
ersetzt, dennoch vermitteln derartige gemeinsam gegrölte Lieder den
beteiligten Männern nach wie vor das beglückende Gefühl, einem
mächtigen Stamm anzugehören – mit gemeinsamen Ritualen und
Tabus und nicht zuletzt mit einheitlichem und daher ungemein ver-
bindendem Triumphgeheul. Oder wie es der amerikanische Evolutionspsychologe Anthony Stevens ausgedrückt hat: »Krieg und Sport
sind beides symbolische Ausdrucksformen desselben Bedürfnisses,
… das Thema des aggressiven Konflikts zwischen verbündeten, orga-
nisierten Gruppen von Männern.«

BLOSS NICHT NACH DEM WEG FRAGEN

Wenn die steinzeitlichen Jäger hinter einem Mammut her waren und
es in unbekannte Gegenden verfolgten, war es für den Jagderfolg,
aber auch für ihre eigene Sicherheit unerlässlich, dass sie ständig Bescheid wussten, wo das Tier und sie selbst sich befanden, dass sie sich

also über dessen Bewegungsrichtung und -geschwindigkeit stets ein möglichst genaues Bild machten. Dagegen war es für die Frauen besonders wichtig, sich die Stelle einzuprägen, wo viele Pilze wuchsen oder ein Baum mit schmackhaften Früchten lockte. Die Evolution förderte deshalb im weiblichen Gehirn die Ausbildung eines räumlichen Vorstellungsvermögens, mit dessen Hilfe eine Frau in der Lage ist, in einem Suchgebiet weit verstreute, aber unbewegliche Objekte wiederzufinden. Dagegen treten bei Männern die wechselseitigen Beziehungen zwischen Himmelsrichtung sowie Tempo und Kurs der eigenen Bewegung in den Vordergrund. Beim Fahren und Wandern orientieren sie sich weit weniger als Frauen an auffälligen Landmarken, Häusern und hervorstechenden Punkten in der Umgebung, sondern bedienen sich vielmehr ihres Sinnes für Richtungen und Bewegungen, der es ihnen in der Urzeit ermöglichte, einem potenziellen Beutetier zu folgen und dabei nie den Überblick zu verlieren. Deshalb wissen die meisten Männer auch dann genau, wo Westen ist, wenn sie noch nie zuvor in der Gegend waren und zudem die Sonne nicht scheint. Ihr räumliches Einfühlungsvermögen erlaubt es ihnen bis heute, in einem Tempo und mit einer Präzision rückwärts in eine schmale Lücke zwischen zwei Autos einzuparken, dass Frauen ebenso neidisch wie erstaunt den Kopf schütteln.

Hinzu kommt, dass Männer seit jeher darauf angewiesen waren, sich allein zurechtzufinden und ohne Hilfe klarzukommen. Wie Barbara Tanner, die Autorin des Buches »Du kannst mich einfach nicht verstehen«, dazu schreibt, lassen sich Männer äußerst ungern helfen, weil ihnen das peinlich ist und sie sich dadurch erniedrigt fühlen. Von anderen Unterstützung zu verlangen halten sie für unmännlich, weil sie sich als Problemlöser sehen, die alles im Griff haben. Jemanden um Hilfe zu bitten, der sich besser auskennt, bedeutet für sie seit jeher, dessen Überlegenheit anzuerkennen; und genau das wollen sie auf gar keinen Fall.

Beides zusammen – der im Vergleich zu Frauen besser ausgeprägte Orientierungssinn und die Abneigung, sich helfen zu lassen – ist dafür verantwortlich, dass Männer auch heute noch äußerst ungern zugeben, sich verlaufen oder verfahren zu haben, und lieber stundenlang umherirren, als einen Ortskundigen nach dem Weg zu fragen. Das gilt selbst dann, wenn ihre Begleiterin, die sich an Landmarken orientiert, schon längst gemerkt hat, dass etwas nicht stimmen kann. Dazu der amerikanische Kolumnist Bob Reiss: »Erst wenn ich so richtig genervt bin, frage ich in Gottes Namen auch nach dem Weg. Das Ganze ist eben ein Wettkampf: Wer wird gewinnen – ich oder die Straße?« Und an einer anderen Stelle: »Männer sind wie Höhlenmenschen. Sie wollen immer bessere Jäger werden und versuchen deshalb, autark zu sein.«

EINKAUFSLUST – EINKAUFSFRUST

Ihre spezielle Art, sich zurechtzufinden, kommt Frauen auch bei einer ihrer Lieblingsbeschäftigungen zugute: beim Einkaufsbummel; ganz besonders, wenn es darum geht, sich neue Kleidung anzuschaffen. Zusammen mit einer Freundin von einem Laden zum anderen zu schlendern, die Angebote zu prüfen, das eine oder andere Stück zu probieren, zwischendurch irgendwo einen Kaffee trinken, und das Ganze möglichst lange auszudehnen, das ist für sie der höchste Genuss. Und zwar auch dann, wenn sie am Schluss mit leeren Händen nach Hause kommen. Dass Männer gegen diese Art, die Zeit zu verbringen, geradezu eine Abscheu haben, liegt vor allem daran, dass Kleidung bei unseren urzeitlichen Vorfahren für Männer und Frauen eine ganz unterschiedliche Funktion hatte. Natürlich musste sie für beide Geschlechter praktisch sein, bei Frauen hatte sie aber noch dazu die Aufgabe, auf Männer attraktiv zu wirken und sie dadurch anzulocken, während Männer vor allem darauf angewiesen waren, mit ihrem Outfit Jagderfolg zu haben und potenzielle Feinde abzuschrecken.

Deshalb taten sie alles, um gefährlich zu wirken, und hatten gar keine Gelegenheit, ein Gefühl für schicke Kleidung zu entwickeln. Hinzu kam, dass sie in ihrer Aufgabe als Jäger und Fleischbeschaffer keine Zeit an modischem Zierrat verwenden konnten. Das überließen sie den Frauen, die die Gewänder – vorwiegend aus den Fellen erlegter Tiere – für sie herstellten. Die Männer zogen sie dann einfach an. Deshalb sind noch heute viele Herren sehr zufrieden, wenn ihre Frauen ihnen das lästige Klamotten-Einkaufen abnehmen. Allerdings vertreten einige Forscher eine etwas andere Meinung, indem sie postulieren, dass Frauen deshalb viel lieber einkaufen als Männer, weil diese Tätigkeit ihrem urzeitlichen Sammeltrieb entspringt.

Wie dem auch sei, Fakt ist, dass manche Männer noch immer so stark von ihrem urzeitlichen Jägerempfinden mit seiner auf Effizienz und rationeller Zeiteinteilung beruhenden Grundstruktur beherrscht werden, dass sie beschauliches Shoppen geradezu hassen. Spätestens in der zweiten Boutique bekommen sie regelrechte Panikattacken und wollen so schnell wie möglich ins Freie oder, noch besser, umgehend in den nächsten Baumarkt. Jedenfalls dorthin, wo sie die Zeit ausnutzen können, um etwas Sinnvolles zu tun, anstatt Stunden damit zu verbringen, auf das Erscheinen ihrer Frau aus diversen Umkleidekabinen zu warten und Kommentare zu Dingen abzugeben, von denen sie nichts verstehen. Nicht umsonst befindet sich die Herrenabteilung in Kaufhäusern meist im Erdgeschoss oder allenfalls in der ersten Etage, wo sie möglichst schnell und mühelos zu erreichen ist. Und wenn Männer dort tatsächlich selbst einkaufen – wobei sie in der Regel von vornherein genau wissen, was sie wollen –, dann in einem für Frauen unbegreiflichen Tempo und vor allem mit einem für ihre Begriffe höchst zweifelhaften Ergebnis.

WEIBLICHE INTUITION

Vielleicht ist die Kleidung für Männer auch deshalb nicht so wichtig, weil sie sie bei anderen kaum zur Kenntnis nehmen. Ein Mann kann fünf Stunden auf einer Party verbracht haben, und wenn man ihn anschließend nach dem Outfit der anderen Gäste fragt, ist er bestenfalls imstande, darüber in Bezug auf dieses oder jenes weibliche Wesen Auskunft zu geben – alles andere hat er übersehen. Will seine Frau von ihm wissen, wie ihm das Kleid von Frau Soundso gefallen habe, muss sie schon froh sein, wenn er überhaupt mitbekommen hat, dass die fragliche Dame anwesend war. Einer Frau kann das nicht passieren. Auch wenn man es ihr nicht anmerkt, verschafft sie sich in kürzester Zeit einen präzisen Überblick über die Situation und weiß auf dem Nachhauseweg genau, wer zu wem gehört hat und wer wie angezogen war.

Daneben ist sie auch – für einen Mann völlig unbegreiflich – exakt über die Befindlichkeiten aller Anwesenden im Bilde. An winzigen Nuancen der Körpersprache erkennt sie augenblicklich, wenn eine andere Person traurig oder beleidigt ist, aber auch, wenn diese Person sie belügt – das macht es Männern so schwer, Affären zu verheimlichen. Auch hierfür scheint ein urzeitlicher Mechanismus verantwortlich zu sein, denn für die Aufgabe der Frau als Hüterin der Höhle und Beschützerin des Nachwuchses war sie seit Urzeiten darauf angewiesen, feine Verhaltensauffälligkeiten ihrer Kinder, aber auch die Befindlichkeiten anderer Frauen im Lager wahrzunehmen und korrekt zu interpretieren. Sie musste erkennen können, ob ihr Kind aus Hunger oder Bauchweh schrie oder ob es vielleicht ernsthaft krank war. Diese Fähigkeit ist Frauen bis heute zu eigen und versetzt Männer ein ums andere Mal in ungläubiges Erstaunen.

Während Männer – durch Hunderttausende von Jägerjahren geprägt – eine sehr gute Tiefensicht, also eine bessere Wahrnehmung der dritten Dimension, haben, zeichnen sich Frauen eindeutig durch einen ausgeprägteren Blick für Einzelheiten im Nahfeld aus. Insofern liegt die wahre Ursache der berühmten weiblichen Intuition vor allem in einer hochentwickelten Wahrnehmungs- und Auffassungsgabe, die Männern in der Regel vollkommen abgeht. Um ein Mammut zu erlegen, waren die steinzeitlichen Jäger nicht darauf angewiesen, auf derartige Details zu achten, während all diese Einzelheiten für Frauen zur Erledigung ihrer weit mehr auf zwischenmenschlichen Beziehungen basierenden Aufgaben unentbehrlich waren.

Bei Tests, in denen Frauen anhand von Fotos die Gefühlslage unterschiedlicher Personen beurteilen sollen, sind sie Männern im Allgemeinen weit überlegen. Selbst den emotionalen Inhalt eines nur teilweise verständlichen Gesprächs erfassen sie sehr viel besser. Daran ist möglicherweise der evolutionär bedingte unterschiedliche

Aufbau des männlichen und weiblichen Gehirns schuld. Denn der Balken, der die beiden Gehirnhälften miteinander verbindet, ist bei Frauen stärker ausgeprägt als bei Männern. Die Folge ist, dass Frauen in weit höherem Maße als Männer beide Gehirnhälften – die eher rationale linke und die eher gefühlsbetonte rechte – gemeinsam benutzen, sodass dazwischen ein reger Informationsaustausch stattfindet. Dazu erklärt die amerikanische Psychologin Joyce Brothers: »Die Fähigkeit, ein Problem gleichzeitig mit beiden Hirnhälften anzugehen, macht Frauen viel einfühlsamer. Sie spüren viel besser den Unterschied zwischen dem, was die Leute sagen, und dem, was sie meinen, und hören viel besser die Nuancen heraus, die die wahren Gefühle eines anderen offenbaren.«

Die weibliche Bezogenheit auf andere Menschen wird auch aus einem Test deutlich, bei dem Psychologen Kindern verschiedene Fotos zeigten. Obwohl alle Kinder dieselben Bilder gesehen hatten, konnten Jungen danach viel mehr unbelebte Objekte aufzählen, während die Mädchen sich vorwiegend an die abgebildeten Menschen erinnerten.

Der mangelnde Blick für Details, gekoppelt mit männlichem Wagemut, scheint schließlich auch daran schuld zu sein, dass Männer viel öfter verunglücken als Frauen. Das beginnt schon in der Kindheit: Kleine Mädchen werden beim Überqueren der Straße viel seltener anoder überfahren als kleine Jungen. Und der traurige männliche Vorsprung setzt sich bis ins Erwachsenenalter fort. Eine neuere Studie der Universität von Michigan zeigt, dass besonders in Städten lebende Männer ein bis zu 62 Prozent höheres Todesrisiko haben als Frauen.

PINKELN WIE EIN MANN

Weil wir gerade beim körperlichen Risiko sind: Diesem setzte sich ein Steinzeitjäger in besonders hohem Maße aus, solange er seine Notdurft verrichtete, denn in dieser Phase war er weitgehend wehrlos und riskierte, Opfer eines sich anschleichenden Raubtieres zu werden. Deshalb konnten die Männer froh sein, dass sie sich zumindest zum Pinkeln nicht hinhocken und in dieser Stellung zeitweilig auf die Beobachtung der Umgebung verzichten mussten. Die daraus resultierende Vorliebe für die Verrichtung im Stehen hat sich bis heute erhalten. Zwar muss ein moderner Mann nicht mehr damit rechnen, beim Wasserlassen von einer wilden Bestie überfallen zu werden; wenn er aber im Freien pinkelt, möchte er schon sichergehen, dass sich kein ungebetener Zuschauer nähert. Deshalb hält er, während er sich erleichtert, die Augen offen und blickt sich um – das geht natürlich nur in aufrechter Haltung. So tief ist diese Vorsichtsmaßnahme in ihm verankert, dass er auch im sicheren Zuhause die Toilette viel lieber stehend benutzt, als sich darauf niederzulassen. Ein gewisses Maß an Bequemlichkeit spielt dabei allerdings sicher auch eine Rolle.

Und noch an einer anderen typisch männlichen Eigenheit ist die Evolution nicht schuldlos: an der Unfähigkeit, auf einer öffentlichen Toilette im Beisein anderer zu urinieren, einem recht verbreiteten Leiden, das Mediziner »Panuresis« nennen. Was am Stammtisch Heiterkeit auslösen mag, ist ein durchaus ernst zu nehmendes Problem, das die Betroffenen nicht selten dermaßen in ihrem Wohlbefinden beeinträchtigt, dass sie keine Lokale mehr aufsuchen, nicht ins Kino gehen und keine Ausflüge unternehmen – alles Aktivitäten, bei denen sie nicht abschätzen können, ob und gegebenenfalls wann sie Gelegenheit haben werden, ihre Blase ungestört zu entleeren. Auch wagen sie nicht, einfach zu trinken, wenn sie Durst haben, sondern schätzen genau den Zeitpunkt ab, an dem sie sich voraussichtlich wieder auf die heimische Toilette zurückziehen können.

Die Ursache des Übels liegt nach Ansicht von Evolutionsbiologen auch hier wieder in der Tatsache, dass Männer beim Pinkeln ungeschützt sind und sich weder wehren noch weglaufen können. Demnach aktiviert ein urzeitlicher Mechanismus bei Anwesenheit potenzieller Angreifer den »sympathischen«, auf Angriff oder Flucht programmierten Anteil des vegetativen Nervensystems, und dann läuft das ab, wovon im Kapitel »Körper und Sinne« die Rede war: eine unbeherrschbare Stressreaktion. Diese bereitet den Organismus blitzartig auf alle notwendigen Maßnahmen zur Gefahrenabwehr vor: Sie treibt Blutdruck und Herzschlag in die Höhe, lässt den Atem rascher gehen, spannt die Muskeln an und macht die Haut durch Schweißabsonderung glitschig, sodass ein Angreifer beim Zupacken abrutschen würde. Nur eines tut sie nicht: für Ausscheidung sorgen.

Somit ist es dem Gestressten schlichtweg nicht möglich, seine Blase zu entleeren.

Auch nicht im Sitzen.

LIEBE UND SEX

Wala tritt auf Ugur zu, legt ihm strahlend die Arme um den Hals und gibt ihm vor den Augen der ganzen Sippe einen schmatzenden Kuss. Als sie sich umblickt, erkennt Ugur den Stolz in ihren Augen. Seht her, scheint ihr Blick zu sagen, was für ein Kerl! Der Häuptling des Stammes – mein Mann! Aus der Miene so mancher der umstehenden Frauen spricht unverhohlener Neid, und es ist Ugur ein wenig peinlich, mit welcher Selbstverständlichkeit seine Frau sich in der Bewunderung ihrer Geschlechtsgenossinnen sonnt.

Sein Blick fällt auf Sarena, eine auffallend wohlproportionierte Frau mit ausdrucksvollem Gesicht, deren Mann vor nicht langer Zeit beim Kampf mit einem Bären getötet worden ist. Seitdem ist sie zur Erfüllung ihrer wichtigsten Aufgabe, der Aufrechterhaltung oder gar Vergrößerung des Stammes, auf die Mitwirkung anderer Männer angewiesen, und Ugur muss gewaltsam den Gedanken beiseiteschieben, dass er nicht ungern mit einem dieser Männer tauschen würde. Ein- oder zweimal nur, nicht öfter.

Doch als er in Walas Augen den ihm vertrauten und von ihm gefürchteten misstrauischen Ausdruck erkennt, wendet er seinen Blick von der attraktiven Witwe ab und schenkt seine Aufmerksamkeit voll und ganz seiner Frau. Sie hat sich für ihn schön gemacht, das ist nicht zu übersehen. Sie trägt ihr neuestes, mit Stickereien verziertes Ledergewand, das sie sich erst vor wenigen Wochen angefertigt hat, und auf ihren Wangen erkennt Ugur ein wenig dezent verriebene rötliche Farbe, die ihrem Gesicht eine frische, jugendliche Ausstrahlung gibt.

Wortlos ergreift Wala seine Hand und zieht ihn mit sich, und er folgt ihr nur zu gerne. Gleich darauf liegen sie sich in ihrer gemeinsamen Behausung auf einem Stapel weicher Felle in den Armen, und neben Walas zärtlichen Liebkosungen ist es vor allem ihr erregender Duft, der ihn, wie schon so oft, in rauschhafte Ekstase versetzt. Voller Eifer küsst er ihr die rote Farbe aus dem Gesicht; als sie sich dann hingebungsvoll lieben, bemüht er sich trotz aller Begeisterung, auf das Baby in ihrem Bauch Rücksicht zu nehmen, das er, wenn alles gut geht, schon bald als winziges Bündel in seinen mächtigen Armen halten wird.

HÜBSCHE GESICHTER

Liebe und Sex haben viel mit Attraktivität zu tun. Unabhängig davon, dass Männer an Frauen und Frauen an Männern bestimmte körperliche Merkmale besonders anziehend finden, haben sich im Lauf der menschlichen Evolution allgemein gültige Attribute herausgebildet, die wir vor allem in Bezug auf das Gesicht unseres Gegenübers mehrheitlich als schön empfinden. Dabei erweist sich das alte Klischee, wonach Schönheit Ansichtssache ist, als wenig zutreffend, denn Versuche haben ergeben, dass wir uns in der Beurteilung des Gesichts einer anderen Person weitgehend einig sind. Erstaunlicherweise beeindrucken uns dabei gar nicht so sehr ausgefallene oder gar exotische Züge, vielmehr gefallen den meisten Menschen Gesichter umso besser, je symmetrischer sie sind. Wissenschaftlich bestätigt wurde dies von Forschern der schottischen Universität St. Andrews, die Versuchspersonen Bilder vollkommen unterschiedlicher Gesichter vorlegten und sie aufforderten, diese in puncto Attraktivität zu bewerten. Dabei zeigte sich, dass nicht etwa die Gesichter die meisten Stimmen bekamen, die sich durch besonders große Augen, eine bestimmte Nasengröße oder eine spezielle Form des Mundes auszeichneten, sondern diejenigen, deren linke und rechte Hälfte absolut identisch waren.

Ein anderer Versuch, bei dem die Gesichtsaufnahmen von je 100 jungen Männern und Frauen digitalisiert und im Computer durch einen Zufallsgenerator neu zusammengesetzt wurden, bestätigte das Ergebnis. Denn als man Versuchspersonen die aus bis zu 32 verschiedenen Komponenten bestehenden »Durchschnittsgesichter« vorlegte, fanden diese die zusammengesetzten Varianten mehrheitlich attraktiver als die ursprünglichen, aus deren Teilen sie bestanden. Die Evolution hat uns demnach darauf getrimmt, Gesichter als umso schöner zu empfinden, je mehr sie dem Mittelmaß entsprechen.

Symmetrische Züge geben dem Betrachter unbewusst einen Hinweis auf eine vorteilhafte, da repräsentative und nicht von der Norm abweichende genetische Ausstattung, während ungleiche Gesichtshälften mit einer fehlerhaften Entwicklung – möglicherweise als Folge diverser Krankheiten – in Verbindung gebracht werden. Offenbar setzen wir ganz automatisch körperliches Ebenmaß, das wir ja vor allem am Gesicht beurteilen können, mit Gesundheit gleich und betrachten einen derart ausgestatteten Menschen als idealen Paarungspartner. Möglich auch, dass wir instinktiv Durchschnittsgesichter bevorzugen, weil wir darin besonders leicht mimische Ausdrucksformen wie Freude, Besorgnis und Wut erkennen können, die, wie wir ja gesehen haben, überall in der Welt überaus wichtige soziale Kommunikationssignale darstellen.

WAS FRAUEN AN MÄNNERN GEFÄLLT

In kaum einem anderen Bereich unseres Daseins und Wirkens machen sich die seit Urzeiten existierenden Maßstäbe und Betrachtungsweisen stärker bemerkbar als bei der Partnerwahl, und kein anderer Lebensbereich wurde von Evolutionsforschern so gründlich analysiert. Dass sich ein Mann für eine bestimmte Frau und diese sich für eben diesen Mann als Sexualpartner entscheidet, hängt nur sehr bedingt von bewussten Gedanken und Plänen, sondern fast ausschließlich von Kriterien ab, die die Evolution im Lauf von Jahrmillionen erschaffen hat und die unser Fühlen und Handeln heute noch genauso beherrschen wie zu Zeiten unserer Urahnen. Stellen wir uns einmal die Frage, welche körperlichen und seelischen Merkmale einen Mann für eine Frau begehrenswert machen.

Wir erinnern uns: Aus evolutionärer Sicht besteht das Maß dessen, was Darwin »Fitness« nennt und was man gemeinhin nicht sehr zutreffend mit »Tüchtigkeit« übersetzt, im Fortpflanzungserfolg, das heißt, in der Weitergabe möglichst vieler Gene an die Nachkommen. In einer Population setzen sich langfristig diejenigen Lebewesen durch, die ihren Söhnen und Töchtern ihre Merkmale vererben, während diejenigen, denen das aufgrund irgendwelcher nachteiliger Eigenschaften nicht gelingt, auf Dauer das Nachsehen haben. Legt man diese Überlegung zugrunde, so leuchte die These des amerikanischen Evolutionstheoretikers Ellis ein, wonach der Selektionsdruck im Lauf der Evolution bewirkt hat, dass Männer sich aus weiblicher Sicht im Hinblick auf ihren »Paarungswert« unterscheiden. Demnach machen in den Augen einer Frau seit Urzeiten zwei Qualitäten einen Mann besonders begehrenswert: erstens seine Fähigkeit, für die Frau und ihre künftigen Kinder zu sorgen, und zweitens seine Bereitschaft, sich für die Beziehung zu ihr und den Kindern gefühlsmäßig zu engagieren. Oder, um es kurz zu sagen: Die natürliche Auslese hat dafür gesorgt, dass Frauen Männer bevorzugen, die einer künftigen Familie möglichst gute Überlebens- und Fortpflanzungschancen bieten.

Das wichtigste Kriterium bei der Partnerwahl scheint für eine Frau der gesellschaftliche und wirtschaftliche Status eines Mannes zu sein, der keinesfalls niedriger sein sollte als der eigene. In der Steinzeit bedeutete dies, dass der Traummann innerhalb der Sippe einen möglichst hohen Rang und damit verbunden einen großen Einfluss sowie ausreichenden Zugang zu Nahrungsmitteln haben sollte. Zahlreiche Studien belegen, dass auch heute noch der soziale Status und die wirtschaftliche Situation eines Mannes – nicht zuletzt ersichtlich an materiellen Dinge wie Villa, Porsche und Luxusyacht – sowie Eigenschaften wie Intelligenz, Stärke, Zielstrebigkeit und Durchsetzungsvermögen für Frauen weitaus wichtiger sind als gutes Aussehen. Was nützte denn einer Frau wie Wala ein Mann, der vielleicht bei einem Schönheitswettbewerb – den es in der Steinzeit allerdings wohl

194 LIEBE UND SEX

kaum gab – einen Preis gewann, jedoch nicht für sie und ihre Kinder sorgen konnte? Weit wichtiger als ein hübsches Gesicht waren da schon Körpergröße, Mut und athletische Fähigkeiten, die den Mann befähigten, seine Familie zu ernähren und vor Feinden zu beschützen.

Tatsächlich haben Studien ergeben, dass für die weibliche Partnerwahl neben Hinweisen, die auf hohe soziale Dominanz eines Mannes schließen lassen, die Körpergröße ein entscheidender Gesichtspunkt ist. Männlicher Hochwuchs wird von Frauen offenbar eng mit Macht und Ansehen assoziiert, und eine solche Gedankenverbindung ist nach wie vor keinesfalls abwegig. Studien belegen nämlich, dass große Männer im Vergleich zu ihren kleiner gewachsenen Geschlechtsgenossen etliche bemerkenswerte Vorteile besitzen: Sie finden leichter eine Anstellung, werden besser bezahlt und öfter befördert, ja sie haben sogar höhere Chancen, eine Wahl zu gewinnen. Weil dem so ist, wünschen Frauen aller Kulturkreise sich vor allem eines: einen Mann, der sie selbst an Körpergröße überragt. Dieses Kriterium spielt eine derart wichtige Rolle, dass die Psychologinnen Ellen Berscheid und Elaine Walster es sogar als das »Kardinalprinzip der Partnerselektion« bezeichnet haben.

»Aus der Größe schließen Frauen wohl unbewusst auf die genetische Qualität«, meint dazu der Evolutionsforscher Robin Dunbar von der Universität Liverpool. »Und das nicht ganz zu Unrecht. Bei gleichen Lebensbedingungen – das haben Tierversuche ergeben – werden genetisch besser ausgestattete, gesündere Männer nämlich größer als ihre weniger robusten Geschlechtsgenossen.« Zwischen Körpergröße und Gesundheit scheint demnach in der Tat ein Zusammenhang zu bestehen, und Frauen wünschen sich nun einmal für ihre Kinder vor allem einen gesunden und vitalen Vater. Der Evolutionsforscher John Lazarus von der englischen Universität Newcastle sagt dazu: »Die weibliche Vorliebe für maskuline Größe ist aller Wahrscheinlichkeit nach ein Relikt aus grauer Vorzeit, in der der größere Gefährte wohl auch der bessere Jäger und verlässlichere Versorger der Familie war. Ein großer Mann verhieß ein großes Steak und eine volle Vorratskammer.«

Wie bereits angedeutet, halten die meisten Frauen es zudem für besonders entscheidend, dass der Mann potenziell ein guter Vater ist. Er sollte sich gefühlsmäßig einbringen können und in der Lage sein, die Entwicklung der Kinder optimal zu fördern, indem er Zeit und andere Mittel – heutzutage vor allem Geld – investiert, um den Nachkommen (und natürlich auch der Ehefrau selbst) ein Leben ohne finanzielle Sorgen zu bieten. In Umfragen, in denen Frauen diejenigen Begriffe ankreuzen sollten, die nach ihrer Auffassung den idealen Ehemann beschrieben, entschieden sie sich am häufigsten für »liebevoll«, »gesprächsbereit«, »einfühlsam« und »zuverlässig« und keinesfalls für »gut aussehend« oder »sexy«.

»Diese Versorgungsqualitäten lassen sich ja auch nach außen hin darstellen«, meint dazu der Evolutionspsychologe Harald Euler von der Universität Kassel. »Frauen würden nie zwei Tage hintereinander dasselbe anziehen, Männer aber schon. Wenn ihnen ein Hemd gefällt, kaufen sie es sich manchmal gleich dreifach. Eine Frau, die häufig ihre Garderobe wechselt, kommt dem männlichen Wunsch nach Abwechslung entgegen. Männer signalisieren dagegen mit ihrer eher eintönigen Kleidung Beständigkeit und Zuverlässigkeit.« Sein amerikanischer Kollege David Buss, der etliche Untersuchungen zu diesem Thema durchgeführt hat, nennt daneben noch ein weiteres Kriterium: Nach seiner Erfahrung fühlen sich Frauen besonders stark zu Männern hingezogen, die die gemeinsamen Kinder nicht nur materiell und intellektuell nach Kräften fördern, sondern auch besonders gut mit ihnen umgehen können. »Bei einem Mann, der begeistert mit Kindern spielt, wird fast jede schwach«, sagt Buss.

Und noch eine männliche Eigenschaft scheint auf Frauen besonderen Eindruck zu machen: eine tiefe Stimme. Das ist zumindest das Ergebnis einer Studie der Universität Nottingham unter Leitung von Sarah Collins, bei der 54 Frauen danach befragt wurden, welche Männer für sie die größte erotische Anziehungskraft hätten. Auch hier waren es wieder keinesfalls die Bestaussehenden, sondern vor allem die Männer mit tiefer Stimme, die das Rennen machten. Hörten die Frauen nur die männlichen Stimmen, so assoziierten sie mit einem

sonoren Klang automatisch größere, breitere und muskulösere Männer, teilweise sogar mit haariger Brust – alles Eigenschaften, die für
ihre Geschlechtsgenossinnen in grauer Vorzeit Sicherheit und Schutz
bedeuteten.

DER REIZ DER ALTEN MÄNNER

Zieht man die erwähnten weiblichen Vorlieben in Bezug auf einen
potenziellen Geschlechtspartner in Betracht, so verwundert es nicht,
dass sich viele Frauen zu älteren, vermeintlich reiferen Männern hingezogen fühlen, die vielfach über exakt die gewünschten Qualitäten –
Status, Geld, Zeit, Einfühlungsvermögen und im Idealfall auch noch
Körpergröße und tiefe Stimme – verfügen. Erstaunlich ist dabei allenfalls, dass die Damen sich dieser Präferenzen oft gar nicht bewusst
sind, dass diese also gleichsam automatisch ihre Entscheidungen beeinflussen. Nur so lässt sich der scheinbare Widerspruch erklären,
dass Frauen, denen man Videos verschiedener Männer vorspielte, rei-
fere Herren mit erkennbar hohem Rang bevorzugten, während sie in
Interviews angaben, derartige Kriterien spielten für sie keine Rolle.

Im uralten evolutionspsychologischen Mechanismus, der Frauen
nach Männern von hohem Status Ausschau halten lässt, liegt offenbar auch die tiefere Ursache für die ansonsten erstaunliche Tatsache,
dass die meisten Frauen bis auf den heutigen Tag trotz aller eman-
zipatorischen Fortschritte und trotz ihrer fortwährenden Beteue-
rung, sie seien auf keinen Mann angewiesen, noch immer Partner ablehnen, die ihnen in irgendeiner Hinsicht – körperlich, geistig oder
finanziell – unterlegen sind. Und dieses Risiko gehen sie bei einem älteren Mann, der bereits einen hohen sozialen Rang erklommen hat,
eben weitaus weniger ein als bei einem jüngeren – mag er noch so gut
aussehen. So sehr ist uns allen dieses archaische Auswahlkriterium
vertraut, dass wir beim Anblick eines älteren Herren mit einer jungen,
attraktiven Begleiterin (die ihm vielleicht intellektuell weit unterlegen
und zudem finanziell von ihm abhängig ist) für den betreffenden
Mann sogar eine Art Bewunderung empfinden, während wir umgekehrt eine ältere Frau mit einem jugendlichen Partner mitleidig be-

lächeln oder sogar als Nymphomanin abtun, die von dem jungen Mann »nur das eine« will.

Eine »gute Partie« zu machen ist für viele Frauen, und seien sie nach eigener Einschätzung noch so emanzipiert und unabhängig, Umfragen zufolge nach wie vor erstrebenswert. Wie ihre steinzeitlichen Geschlechtsgenossinnen sehnen sich die meisten (wenn sie es vielleicht auch nicht offen zugeben) danach, sich und ihre künftigen Kinder durch die Ehe mit einem hochrangigen Mann – der durchaus deutlich älter sein darf – in jeder Hinsicht abzusichern. Dafür verzichten sie zum Teil sogar auf die große Liebe (vor allem, wenn sie damit schon eine Enttäuschung hinter sich haben) oder, um es anders auszudrücken: Ihre Bindung an die Karriere und an den Geldbeutel eines Mannes ist intensiver als an seine Person. Diese Tatsache hat der französische Dramatiker Jean Anouilh sehr treffend formuliert: »Viele Männer verdanken ihren Erfolg im Leben ihrer ersten Frau – und die zweite Frau ihrem Erfolg.«

WAS MÄNNERN AN FRAUEN GEFÄLLT

Dass sich Männer bei der Partnersuche von ganz anderen Präferenzen leiten lassen als Frauen, wird aus einer Untersuchung der amerikanischen Psychologen Koestner und Wheeler deutlich, die Mengen von Kontaktanzeigen im Hinblick auf die darin enthaltenen persönlichen Angaben durchforsteten. Dabei stellten sie fest, dass Männer um 44 Prozent häufiger ihren sozialen Status erwähnen als Frauen, die nach derartigen Angaben jedoch um 95 Prozent häufiger fahnden. Dagegen beschreiben Frauen ihr Äußeres um 65 Prozent öfter als Männer, die ihrerseits um 90 Prozent häufiger gerade hierauf entscheidenden Wert legen.

Es bleibt also festzuhalten, dass Frauen seit Urzeiten auf männlichen Status und Männer ebensolange auf weibliche Schönheit aus sind. Die Evolutionspsychologen Buss und Barnes führen dies auf einen ebenso einfachen wie urzeitlichen Mechanismus zurück: Entscheidend ist bei der Partnerwahl alles, was einen hohen Reproduktionserfolg verspricht. Während die Fruchtbarkeit einer Frau und die

Chance auf eine problemlose Schwangerschaft eng mit ihrem Alter und ihrer – aus der Attraktivität abgeleiteten – Gesundheit zusammenhängen, kann die Fortpflanzungsfähigkeit eines Mannes anhand seiner äußeren Erscheinung weit weniger präzise beurteilt werden, was allein schon damit zusammenhängt, dass er theoretisch bis ins hohe Alter Kinder zeugen und damit seine Erbanlagen weitergeben kann.

Attribute einer Frau, die auf Gesundheit und Fitness schließen lassen und damit auf ihre Fähigkeit, lebenstüchtige Kinder zu bekommen, die ihrerseits wieder in der Lage sind, die Familiengene an die nachfolgende Generation weiterzugeben, sind demnach perfekte Proportionen mit Muskulatur im richtigen Spannungszustand, eine glatte, weiche Haut, klare Augen, glänzendes Haar, volle Lippen, blitzende Zähne und ein harmonischer, kraftvoller Gang, den man gemeinhin als »anmutig« bezeichnet. Dass diese Schönheitsideale in praktisch allen Kulturen dieser Welt gültig sind, zeigt die Werbung für Mode und Kosmetik. Überall entsprechen die dort abgebildeten Models exakt dieser Norm und suggerieren damit Vitalität und Lebensfreude. Und das nicht ohne eine gewisse Berechtigung: Die erwähnten körperlichen Merkmale hängen eng mit einem hohen Östrogenspiegel zusammen, also mit reichlich vorhandenen weiblichen Geschlechtshormonen, die wiederum Voraussetzung für Fruchtbarkeit und Fortpflanzungsfähigkeit sind.

Was die Proportionen angeht, so sollte die ideale Frau schlank, aber nicht dünn sein, und ihre Hüfte sollte – das haben zahlreiche Untersuchungen in den verschiedensten Kulturen ergeben – etwa ein Drittel breiter sein als ihre Taille. Dieses Hüft-Taille-Verhältnis scheint eines der bedeutendsten Merkmale einer perfekten weiblichen Figur zu sein, wichtiger jedenfalls als die objektiv messbare Körperfülle. Schaut man sich die Frauen an, die im Lauf der Jahre und Jahrzehnte Miss America wurden, so fällt auf, dass sie im Vergleich zu früher um fast 30 Prozent dünner geworden sind, dabei aber noch immer eine Relation des Hüftumfangs zu dem der Taille aufweisen, die sich sehr nahe an besagtem, offenbar seit Urzeiten gültigen Optimum bewegt.

Möglicherweise spielt dabei auch die Tatsache eine Rolle, dass dieses Idealmaß nur mit einem relativ flachen Bauch realisierbar ist – seit jeher ein untrüglicher Hinweis darauf, dass eine Frau nicht – im fortgeschrittenen Stadium – schwanger ist. Zudem ließen wohlgeformte Fettpolster im Hüftbereich in den kargen Zeiten unserer steinzeitlichen Urahnen auf genügend Energiereserven schließen, die für das ausdauernde Stillen eines Säuglings unverzichtbar waren.

Außer Hüfte und Taille haben bei der Beurteilung der Schönheit einer Frau durch einen Mann zu allen Zeiten Form und Größe ihrer Brüste eine wichtige Rolle gespielt. Dieser Tatsache waren sich die Frauen natürlich stets bewusst und geizten daher, wenn sie es sich leisten konnten, nicht mit dem Zur-Schau-Stellen ihrer diesbezüglichen Vorzüge. Zwar haben Umfragen ergeben, dass die meisten Männer, nämlich 69 Prozent, einer unbekannten Frau zuerst ins Gesicht, genauer gesagt, in die Augen blicken, an zweiter Stelle rangiert dann aber tatsächlich der Busen, den die Männer sofort nach dem Gesicht in Augenschein nehmen. Von den dazu interviewten Frauen fanden 32 Prozent das männliche Interesse für ihren Busen vollkommen normal, ja, 17 Prozent gaben sogar unumwunden zu, begehrliche Männerblicke auf ihre Brust geradezu als Kompliment zu werten.

Evolutionsforscher vertreten hierzu die Ansicht, dass eine volle, straffe Brust einem Mann nicht nur einen – wenn auch medizinisch nicht nachvollziehbaren – Hinweis auf die Stillfähigkeit der Frau liefert, sondern dass seit jeher vor allem die Beschaffenheit des weiblichen Warzenhofes ein Urteil darüber erlaubt, ob die ins Auge gefasste Frau bereits ein Kind geboren hat oder nicht. Bei jungen Frauen, bei denen das noch nicht der Fall war, weist die Umgebung der Brustwarze nämlich meist die Form eines stumpfen Kegels auf, während sie sich nach einer Geburt weitgehend abflacht und dann im Niveau der umgebenden Haut liegt.

Aus all diesen Fakten wird ersichtlich, dass das Aussehen einer Frau für einen Mann schon immer viel bedeutsamer war als umgekehrt das Aussehen eines Mannes für die Frau. Die bereits mehrfach erwähnten Wissenschaftler Buss und Barnes fassen die Erklärung für dieses Phänomen aus evolutionsbiologischer Sicht folgendermaßen zusammen: »Aus diesen Gründen wurden stets Männer von der natürlichen Selektion bevorzugt, die sich in ihrer Partnersuche von einer Vorliebe für derartige körperliche Schönheitsmerkmale leiten ließen, Merkmale, die effektive Hinweise auf Alter und Gesundheit und damit die reproduktive Fähigkeit einer Frau zuließen.«

In seinem Buch »Traumpartner« nennt der Evolutionspsychologe Andreas Heji von der Universität München neben derartigen Äußerlichkeiten sowie Verhaltensmerkmalen, die Rückschlüsse auf ein beträchtliches Energiepotenzial erlauben – beides übrigens Gründe, warum Männer jüngere Frauen bevorzugen –, noch ein anderes Kriterium, das Hinweise auf die weibliche Reproduktionsfähigkeit zulässt und daher für Männer bei der Partnerwahl von besonderer Bedeutung ist: ihren »guten Ruf«, also Informationen, die über ihre Gesundheit, ihr Benehmen und vor allem über ihre sexuellen Vorlieben und Aktivitäten kursieren. Das erscheint verständlich, denn seit Beginn der Menschheit konnte ein Mann nie sicher sein, dass er der Vater des Kindes war, das seine Frau zur Welt brachte. Legt man den Reproduktionserfolg, also die möglichst häufige Weitergabe der eigenen Gene, als Messlatte der evolutionären Wertigkeit zu Grunde, so ist eindeutig derjenige Mann im Vorteil, dessen Frau ihm treu ist und sich im Umgang mit seinen Konkurrenten mäßigt, da er mit großer Wahrscheinlichkeit davon ausgehen kann, dass sich seine Gene in ihren Kindern wiederfinden.

Für die Frau hingegen ist es aus Sicht der Evolution nebensächlich, welcher Mann der Vater ihres Kindes ist – in jedem Fall stammt die Hälfte der kindlichen Gene von ihr. Zusammengefasst kann man sagen, dass sich im Lauf der menschlichen Evolution bei den Männern Verhaltensweisen durchgesetzt haben, die die Wahl einer Partnerin begünstigten, von der der Mann einerseits gesunde Kinder erwartet und bei der er zudem mit großer Wahrscheinlichkeit davon ausgehen kann, dass sie sich nur unter Mitverwendung seiner Erbanlagen fortpflanzt und ihm nicht etwa ein »Kuckucksei« ins Nest legt.

GEKAUFTE SCHÖNHEIT

Natürlich wissen die Frauen seit ewigen Zeiten, wie sehr sie die Männer mit ihrer äußeren Erscheinung beeindrucken können, und deshalb lassen sie – ebenfalls seit Urzeiten – nichts unversucht, ihre Attraktivität zu steigern, ihre Vorzüge ins rechte Licht zu rücken und ihre Mängel zu vertuschen. Die Umsätze der Kosmetikindustrie und die Preise, die für Markencremes, -parfums, -deos und -haarpflegeartikel bezahlt werden, legen beredtes Zeugnis davon ab. Hinzu kommt die von allen Seiten auf uns einströmende Werbung, die auf die meisten Frauen einen enormen Druck ausübt. Sie gaukelt ihnen Schönheitsideale vor, die viele von ihnen bei selbstkritischer Betrachtung niemals erreichen können, die anzustreben sie aber dennoch nicht müde werden. Der Dermatologe Paul Lazar von der Northwest University in Chicago hat zu diesem Thema umfangreiche Untersuchungen angestellt und ist zu dem – gleichermaßen erstaunlichen wie niederschmetternden – Ergebnis gekommen, dass die amerikanische Durchschnittsfrau jeden Morgen zwischen 17 und 21 Pflege- und Schönheitsprodukte verwendet. Ergänzend dazu hat eine Studie des Upjohn-Haar-Informationszentrums ergeben, dass Frauen ihre Frisur im Mittel fünfmal täglich überprüfen und in Ordnung bringen und dafür durchschnittlich 36 Minuten benötigen. Nicht ohne Grund erleben die Gesichts- und Schönheitschirurgen seit Jahren einen wahren Boom: Drei von vier chirurgisch korrigierten Nasen gehören einer Frau.

Dass Frauen sich mit ihrem Aussehen größte Mühe geben, was letztendlich ja allein dazu dient, in Männern falsche Vorstellungen über ihr Alter und ihre Vitalität – evolutionsbiologisch betrachtet: über ihre Reproduktionsfähigkeit – zu erwecken, halten nicht nur sie selbst, sondern auch die hinters Licht geführten Männer für selbstverständlich. Und für ebenso selbstverständlich halten sie die Tatsache, dass sie selbst sich in dieser Hinsicht erheblich weniger anstrengen müssen. Ja, für einen Mann ist es sogar ratsam, keinen übertriebenen Wert auf sein Äußeres zu legen, weil er sonst leicht in Verdacht gerät, homosexuell zu sein. Deshalb machen sich nur die wenigsten Männer

202   LIEBE UND SEX

die Mühe, ihre Falten zu verbergen, ihre grauen Haare zu färben oder ihre schlaffen Augenlider zu straffen. In seinem Buch »The great divide – How females and males really differ« (Die große Kluft – Worin Frauen und Männer sich wirklich unterscheiden) zitiert der amerikanische Autor Daniel Evan Weiss eine Studie, derzufolge sich 42 Prozent der Männer für attraktiv halten, während dies nur für 28 Prozent der Frauen zutrifft. Kein Wunder, dass vor diesem Hintergrund Redensarten entstehen konnten wie: »Eine Frau wird alt, ein Mann wird interessant.«

Und weil Frauen die Schönheit ihrer Haut – wie gesagt, für Männer ein uralter Fitnessindikator – meist gerne zur Schau stellen, scheuen sie weder Geld noch Mühe, sich die Haare – häufig sogar an intimsten Stellen – zu entfernen. Die britischen Evolutionsbiologen Walter Bodmer und Mark Pagel vertreten zu diesem Thema die Ansicht, die gängige Theorie, wonach die Menschen sich im Lauf der Evolution von ihrer Körperbehaarung getrennt hätten, weil es ihnen in der afrikanischen Steppe zu heiß geworden sei, lasse sich mit den klirrend kalten Nächten in Afrika nicht vereinbaren. Sie bieten deshalb ein anderes Erklärungsmodell an: Demnach lernten die ursprünglich behaarten Steinzeitmenschen zuerst, mit Feuer umzugehen, Behausungen zu errichten und Kleidung herzustellen. Danach hatten sie es warm, und weil sie deshalb auf ihr Fell verzichten konnten, legten sie es ab. Das hatte nicht nur den Vorteil, viel Zeit und Energie zu sparen, die die Fellpflege – man sieht das an Schimpansen – Tag für Tag in Anspruch nimmt, sondern mit den Haaren wurden die Urmenschen auch gleich noch eine Menge Parasiten wie Zecken, Läuse und Flöhe los, unter denen sie bis dahin massiv gelitten hatten.

Nach dieser Theorie hatten die Männer in der Folgezeit immer öfter Gelegenheit, die nicht mehr von einem Fell bedeckte Haut einer Frau zu betrachten und daraus Rückschlüsse auf ihr Alter, ihren allgemeinen Gesundheitszustand und damit – wieder einmal – auf ihre Reproduktionsfähigkeit zu ziehen. Kurz: Sie lernten, glatte, straffe Haut mehr und mehr als sexuell attraktiv zu empfinden – und daran hat sich bis heute nichts geändert. Dazu Mark Pagel: »Starke körperliche Behaarung, speziell an einer Frau, kann uns regelrecht die gute Laune verderben. Menschen unterscheiden sich darin – nicht umsonst – von allen anderen Säugetieren.« Und weil Frauen, die einen Partner suchen, alles andere wollen, als potenziellen Kandidaten die Laune zu verderben, scheuen sie nach wie vor weder Zeit noch Geld noch Mühe, um die lästigen Haare, von denjenigen am Kopf abgesehen, immer und immer wieder penibel zu beseitigen.

DIE GEHEIME MACHT DER DÜFTE

Wenn sich dann ein Mann gefunden hat, der Interesse an der Frau signalisiert, kommt ein weiteres urzeitliches Auswahlkriterium ins Spiel, das ganz entscheidenden Einfluss darauf hat, ob aus den beiden ein Paar wird oder nicht: der Geruch. Die enorme Bedeutung unserer Körperausdünstungen – womit keinesfalls Mundgeruch und Schweißgestank gemeint sind – ist in zahllosen Studien untersucht worden. Den Evolutionspsychologen Dobkin de Rios und Hayden zufolge war das menschliche Aroma sogar maßgeblich für die Aufgabenteilung der Urmenschen verantwortlich: »Da viele Raubtiere aggressiv reagieren, wenn sie den Menstruationsgeruch einer Frau wahrnehmen, waren in der Steinzeit gemischtgeschlechtliche Jägergruppen reinen Männerhorden im Hinblick auf den Jagderfolg unterlegen. Deshalb blieben die Frauen zu Hause und betätigten sich als Sammlerinnen von Nahrungsmitteln, während die Männer bei der Jagd unter sich waren.«

Die wichtigste Rolle spielt der Geruchssinn jedoch seit Urzeiten bei der Wahl des Sexualpartners. Manche Männer sind dem Lockruf der sogenannten »Kopuline« – das sind Geruchsstoffe, die Frauen zur Zeit des Eisprungs freisetzen – dermaßen ausgeliefert, dass ihre Fähigkeit, die optischen oder intellektuellen Qualitäten ihres weiblichen Gegenübers halbwegs objektiv einzustufen, dabei vollkommen verlorengeht. Aber auch Frauen seufzen, wenn man sie nach den besonderen Eigenschaften ihres Liebhabers fragt, nicht selten: »Er duftet so gut!«

Dabei riechen Pheromone – die größte und wirksamste Gruppe der sexuellen Botenstoffe – für unsere »normalen« Riechzellen praktisch nach nichts. Zur Wahrnehmung dieser Substanzen besitzen wir nach Erkenntnissen von Sexualforschern einen Extra-Sinn: einen kleinen Schlauch voll Drüsen, Sinneszellen, Blutgefäßen und Nerven an beiden Seiten der Nasenscheidewand. Über die Frage, ob das der berühmte »sechste Sinn« ist, mit dem wir viele Entscheidungen intuitiv treffen, streiten die Gelehrten noch. Tatsache ist, dass Wissenschaftler in Experimenten mehrfach gezeigt haben, wie sehr Pheromone unser Verhalten beeinflussen. So setzten sich Frauen bei einem Test im Wartezimmer eines Frauenarztes vollkommen unbewusst viermal häufiger auf einen Stuhl, der mit männlichen Pheromonen besprüht worden war, als auf andere – völlig identische – Stühle links und rechts davon. In einer anderen Untersuchung empfanden Männer von Frauen getragene T-Shirts als umso wohlriechender, je näher die Trägerin ihrem Eisprung war. Frauen wiederum können männliche Geschlechtshormone noch in tausendfach höherer Verdünnung wahrnehmen als die Männer selbst.

Aus der Rolle des Geruchssinns für unsere Entscheidungen im Hinblick auf das andere Geschlecht wird deutlich, warum manche Männer und Frauen sich auf Anhieb sympathisch sind, aber auch, warum scheinbar perfekt zusammenpassende Partner oft kein Paar werden. Nicht umsonst werfen weibliche Boygroup-Fans ihren angehimmelten Idolen in ekstatischer Verzückung ihre Slips auf die Bühne. In diesem Verhalten zeigt sich ein urzeitlicher Akt intensiver Werbung, denn die Mädchen wissen ganz genau oder spüren zumindest instinktiv, wie stark Männer auf ihren geschlechtsspezifischen Duft reagieren. Viele Biologen gehen davon aus, dass dieser besondere Geruch einem steinzeitlichen Mann – genau wie bei vielen Wildtieren – verriet, wann eine Frau, der er begegnete, empfängnisbereit war und wann nicht.

Aber weitaus wichtiger als die männliche Einschätzung einer Frau im Hinblick auf ihre Fortpflanzungsfähigkeit ist die geruchliche Beurteilung eines möglichen Sexualpartners für die Frau. Schließlich investiert sie in den Nachwuchs mit Schwangerschaft und Stillzeit erheblich mehr Ressourcen als der Mann. Deshalb verwundert es nicht, dass Frauen über einen Mann viel häufiger die Nase rümpfen als umgekehrt. Für sie ist es entscheidend, wählerisch zu sein, denn die Wahl eines falschen Partners vermindert aus evolutionärer Sicht nicht nur die Überlebenschancen ihrer Nachkommen und damit die Weitergabe ihrer Gene, sondern sie geht auch das persönliche Risiko ein, einen nicht unerheblichen Zeitraum ihres Lebens mit einer nutzlosen Schwangerschaft und Kinderaufzucht zu vergeuden. Da dieses Problem für Männer nicht existiert, ergab sich im Lauf der Evolution kein Selektionsdruck, der die Herren der Schöpfung zwang, auch ihrerseits eine mögliche Partnerin intensiv auf ihren Geruch hin zu überprüfen. Deshalb empfinden bis heute Männer in Tests, in denen sie an getragenen weiblichen Dessous riechen dürfen, das Aroma mehrheitlich als sehr angenehm, während Frauen umgekehrt dem Duft, der männlicher Unterwäsche entströmt, erheblich weniger abgewinnen können.

Festzuhalten bleibt jedoch, dass die – in der Regel intuitive – Wahrnehmung des Geruchs eines potenziellen Geschlechtspartners auf die Entscheidung für oder gegen ihn eine mindestens ebenso große Rolle spielt wie rationale Überlegungen. Forscher gehen sogar davon aus, dass sich unsere Urahnen in der Frühphase der Menschwerdung – so wie Schimpansen bis heute – gegenseitig beschnüffelten und sich dadurch – je nach Ergebnis des Geruchstests – entweder sexuell in Stimmung brachten oder von vornherein kein Interesse füreinander entwickelten.

LEIDENSCHAFTLICHE KÜSSE

In diesem intensiven Beriechen sehen einige Evolutionsforscher die tiefere Ursache des Kusses – und widersprechen damit Sigmund Freud, der den gegenseitigen Lippenkontakt als Imitation des Saugens an der Mutterbrust erklärt hatte. Andere Verhaltensbiologen vermuten, dass sich der Kuss aus der Futterübergabe beim Balztanz entwickelt hat und damit ein Überbleibsel der symbolischen Fütterung von Schnabel zu Schnabel ist, mit der im Tierreich viele Männchen ein Weibchen zum gemeinsamen Nestbau einladen. Für diese Theorie

206 LIEBE UND SEX

spricht unter anderem, dass die alten Ägypter die Wörter »essen« und »küssen« mit denselben Schriftzeichen bezeichnet haben.

Besonders hervorgetan hat sich auf dem Gebiet der Kussforschung die Bremer Kulturwissenschaftlerin Ingelore Ebberfeld, die in ihrem Buch »Küss mich – Eine unterhaltsame Geschichte der wollüstigen Küsse«, das sie als Ergebnis des Studiums von mehr als 1300 Büchern zum diesem Thema verfasst hat, die These vertritt, letztendlich habe die Lust am Berühren und auch am Riechen zum Küssen in seiner heutigen Form geführt. »Der Zungenkuss ist ein symbolischer Geschlechtsakt«, sagt sie und erklärt weiter, das gegenseitige Berühren der Lippen habe sich im Lauf der Evolution aus dem bei Vierbeinern üblichen Beschnüffeln und Belecken des Hinterteils entwickelt, mit dem viele Tiere die gegenseitige sexuelle Bereitschaft erkunden. Erst als sich der Mensch aufgerichtet habe und nur noch auf zwei Beinen gegangen sei, habe er die sexuelle Kontaktaufnahme weiter nach oben verlegt und das Mund-zu-Mund-Küssen erfunden.

Nur durch diese Hypothese lässt sich nach Ansicht von Ebberfeld erklären, warum der Kuss in zahlreichen Kulturen, die sich unabhängig voneinander entwickelt haben, unter einem öffentlichen Tabu steht. Und das keinesfalls nur im konservativen Islam. »Dass der Zungenkuss als eine Art symbolischer Sex angesehen werden muss«, erklärt sie, »beweisen zudem die Körperreaktionen beim Knutschen: Das Gehirn schüttet vermehrt Glückshormone aus, der Puls beschleunigt sich bis auf 150 Schläge pro Minute, und auch der Blutdruck steigt in die Höhe. Kein Wunder, dass schon unsere steinzeitlichen Urahnen daran ihre helle Freude hatten.«

ER KANN NICHT TREU SEIN

Hatte sich in der Steinzeit nach intensivem Beriechen und Küssen ein Paar gefunden, dann konnte sich vor allem die Frau nie sicher sein, dass ihr der Mann auch treu war. Zwar belegen neuere Studien, dass verheiratete Frauen heutzutage kaum weniger Lust auf einen Seitensprung haben als Männer, dennoch scheint festzustehen, dass sich die Herren der Schöpfung bereits bei unseren Urahnen nur zu gerne mit anderen Damen einließen. Das mag manche Frau abscheulich finden – fest steht jedoch, dass ein solches Verhalten im Sinn der Evolution, bei der der Reproduktionserfolg, die Weitergabe der Erbanlagen, an erster Stelle steht, durchaus sinnvoll erscheint. »Die männliche Promiskuität ist ein Erbe unserer Evolutionsgeschichte«, schreiben denn auch David Jessel und Anne Moir in ihrem Buch »Brain Sex«. »Es war sinnvoll, die Sippe bei jeder sich bietenden Gelegenheit zu vergrößern. Je höher die Zahl der Nachkommen war, desto größer war auch die Chance, die eigenen Gene an die nächste Generation weiterzugeben. Promiskuität ist in den männlichen Genen kodiert und in der Schalttafel des männlichen Gehirns eingebaut.«

Und Robert Wright bezeichnet die »männliche Zügellosigkeit« in seinem Buch »Diesseits von Gut und Böse« als evolutionären Trieb, der einem Mann die Verbreitung seiner Gene mit minimalem Aufwand ermöglicht. Da die Neigung zum Seitensprung ein in Männern offenbar tief verwurzeltes steinzeitliches Relikt sei, habe er in der Zeit des Kondoms und der Pille zwar seinen evolutionären Sinn, nicht aber seinen Reiz verloren. Dass die »Vielweiberei« in der Steinzeit, in der mit Sicherheit etliche Männer bei der Jagd den Tod fanden, tatsächlich verbreitet war, behauptet die Wissenschaftlerin Isabelle Dupanloup von der italienischen Universität Ferrara und verweist dabei auf die Menschenaffen, bei denen dieses Phänomen seit langem bekannt ist. Aus populationsgenetischen Forschungen am männlichen Y-Chromosom schließt sie, dass während eines langen Zeitabschnittes der Menschheitsgeschichte wenige Männer viele Kinder gezeugt haben, während andere überhaupt keine Nachkommen hatten.

Besonders intensiv hat sich mit diesem Phänomen die Amerikanerin Laura Zigman in ihrem Bestsellerroman »Alte Kuh – neue Kuh« auseinandergesetzt. Darin macht die Protagonistin dieselbe bittere Erfahrung: Nach Wochen gemeinsamen Liebestaumels, in denen sich die Partner immer besser kennenlernen und sogar beginnen, konkrete Zukunftspläne zu schmieden, wendet sich der Mann plötzlich von der Frau ab, stammelt unglaubwürdige Erklärungen und wird kurz darauf mit einer anderen, eben einer neuen »Kuh« gesehen. »So

208   LIEBE UND SEX

verabscheuenswürdig ein solches Verhalten sein mag«, erklärt Zigman dazu, »aus der Sicht der Evolutionsbiologie stellt es eine sinnvolle Fortpflanzungsstrategie dar. Da ein Männchen durch wiederholten Sex mit derselben Partnerin nicht mehr Nachkommen zeugen kann, läuft in seinem Gehirn mehr oder minder automatisch ein Vorgang ab, der die Libido nach einer Weile auf eine andere Dame lenkt.«

Den biochemischen Grundlagen dieses Prozesses kam der kanadische Psychologe Dennis Fiorano von der Universität Vancouver vor kurzem auf die Spur, als er nachwies, dass bei Ratten der Botenstoff Dopamin im Gehirn eine entscheidende Rolle für die auf- und abschwellende Lust spielt. Bei der Begegnung mit einer Rattendame steigt der Pegel dieser »Glücksdroge« schlagartig an, um dann allmählich wieder auf den Ausgangswert abzufallen, bis ein neues Weibchen auf der Bildfläche erscheint, die das Dopamin wieder in Strömen fließen lässt. Es ist zu vermuten, dass auch bei Menschenmännchen ein ähnlicher, seit Urzeiten existierender Mechanismus wirksam ist, der ihnen die Treue schwermacht.

In seinem Buch »Die Evolution der menschlichen Sexualität« berichtet der Sexualpsychologe Donald Symons über eine Studie, bei der Männer und Frauen gefragt wurden, ob sie eine sich spontan bietende Gelegenheit ergreifen würden, mit einem Vertreter des anderen Geschlechts Sex zu haben, auch wenn dieser nicht attraktiver sei als der momentane Partner und auch sonst keine offensichtlichen Vorzüge aufweise. Von den Befragten, die eine Dauerbeziehung unterhielten, beantworteten viermal mehr Männer als Frauen die Frage mit »Das würde ich bestimmt.« Und bei den ungebundenen Personen gaben sogar sechsmal mehr Männer als Frauen diese Antwort, während doppelt so viele Frauen wie Männer mit »Ganz bestimmt nicht« antworteten.

Das soll allerdings nicht heißen, dass ein Mann es sich bequem machen und sich einfach mit seinem urzeitlichen Instinkt herausreden kann, wenn er es mit der ehelichen Treue nicht so ernst nimmt. Denn schließlich sind wir ja – wie bereits beim Thema »Fremdenfeindlichkeit« erläutert – durchaus in der Lage, uns willentlich über

ER KANN NICHT TREU SEIN 209

unsere uralten charakterlichen Schwächen hinwegzusetzen und uns ihnen nicht widerstandslos zu unterwerfen. Schließlich betonen wir bei jeder Gelegenheit, wie sehr wir unseren nächsten Verwandten, den Affen, aufgrund unserer einzigartigen Intelligenz überlegen sind. Diese Überlegenheit nur dann ins Spiel zu bringen, wenn sie uns gelegen kommt, und andererseits zu beteuern, an unserem Verhalten sei allein unser genetisches Erbe schuld, dem wir uns nicht widersetzen können, wäre nicht nur unlogisch, sondern geradezu infam.

EIFERSUCHT IST EINE LEIDENSCHAFT ...

So können wir auch nicht allein unsere Abstammung vorschieben, wenn wir eine Eigenschaft besitzen – oder sollte man vielleicht besser sagen: unter ihr leiden? –, die geradezu ein Paradebeispiel dafür ist, wie der Urmensch noch immer in uns wirkt: die Eifersucht. Deren evolutionäre Logik leuchtet durchaus ein: Bemüht sich ein Mann um ein Kind, das nicht von ihm stammt und das demzufolge die Erbanlagen eines anderen in sich trägt, so verschwendet er unnötig Zeit und Kraft, ohne den Gegenwert zu erlangen, seine Gene in der nächsten Generation zu wissen. Er verhätschelt Erbgut, das im Hinblick auf seinen eigenen Reproduktionserfolg ganz und gar nutzlos ist. Kein Wunder also, dass alle Anzeichen, ein Nebenbuhler könne im Spiel sein, bei ihm die Alarmglocken schrillen lassen und er höchst aggressiv reagiert.

Bei einer eifersüchtigen Frau liegen die Motive anders. Die Gefahr, dass ihr fremdgehender Mann ihren Fortpflanzungserfolg zunichte macht, besteht allenfalls, wenn er sich vollkommen von ihr trennt, und selbst dann kann sie ihre Gene mit jedem beliebigen anderen Mann an ihre Nachkommen weitergeben. Ein ein- oder mehrmaliger Seitensprung des Partners mit einer Nebenbuhlerin hat darauf jedenfalls keine Auswirkungen. Die Sorge, die sie sich macht, gilt deshalb auch nicht dem Schicksal ihrer Erbanlagen, sondern vielmehr der Unterstützung ihres Partners für sie und ihren Nachwuchs. Würde er sie kürzen oder ganz einstellen, stünde die Familie ohne Versorger da; und dass ein anderer Geliebter, der nicht der Vater der

Kinder ist, in die Bresche springen würde, erscheint höchst zweifelhaft.

Deshalb ist die Frau ständig – bewusst oder unbewusst – auf der Suche nach Anzeichen, die darauf hindeuten, dass ihr Mann ihr untreu ist: nach Lippenstiftspuren im Gesicht, einem blonden Haar auf dem Anzug, einer Telefonnummer, die ihr nichts sagt, oder einem rätselhaften Eintrag in seinem Terminkalender. Zusammengefasst hat eine Frau aus entwicklungsgeschichtlicher Sicht am meisten zu verlieren, wenn sich ihr Mann wegen einer Rivalin von ihr und den Kindern abwendet, während ein Mann dann der große Verlierer ist, wenn seine Frau von einem anderen Mann schwanger wird. Untersuchungen des bereits mehrfach erwähnten amerikanischen Evolutionspsychologen David Buss von der Universität in Michigan bestätigen dies: Männliche Eifersucht entsteht demnach hauptsächlich aus der Furcht, die eigene Partnerin könne mit einem anderen Mann intim werden, während eine Frau vor allem durch den Gedanken beunruhigt wird, ihr Partner wende sich zugunsten einer anderen gefühlsmäßig von ihr ab. Sehr pointiert wird diese These von der Journalistin Bettina Mickra formuliert: »Die Eifersucht bewahrt Väter vor Kuckuckseiern und Mütter vor dem Hungertod.«

Was die männliche Eifersucht betrifft, so war sie im Lauf der Geschichte der Auslöser für diverse mehr oder minder plumpe Versuche, die sexuellen Aktivitäten von Frauen unter Kontrolle zu bekommen. Ob Männer ihre Frauen in Harems einsperrten, ihnen Keuschheitsgürtel anlegten, den Ehebruch mit harten Strafen bedrohten oder – ein wenig feinfühliger, aber deshalb nicht minder perfide – Anstandsdamen mit ihrer Überwachung beauftragten – stets stand die Sorge dahinter, ein fremdes Kind untergeschoben zu bekommen. In einigen Kulturen geht das Streben der Männer, die Reproduktionsfähigkeit ihrer Frauen zu beherrschen, sogar so weit, dass sie diese quasi als Eigentum betrachten. Ein Extrembeispiel sind die bereits erwähnten orientalischen Harems, in denen sich ein einziger Mann zum Beherrscher zahlreicher Frauen aufschwingt und damit gleichsam ein sexuelles Monopol über sie erlangt – und dies keinesfalls allein zum Zweck der Fortpflanzung, sondern auch als eine Art Statussymbol gegenüber anderen Männern.

Michael Hutchison, Autor des Bestsellers »Megabrain«, merkt dazu an, dass Forscher in allen Kulturen die männliche Eifersucht – und die damit verbundene Angst vor »Kuckuckseiern und Statusverlust – als Hauptgrund für Misshandlungen an Frauen bis hin zum Ehegattenmord identifiziert haben. Demnach haben Männer vielfach das Gefühl, ihre Frau gehöre ihnen und sie hätten daher das Recht, gegen sie Macht, ja sogar Gewalt auszuüben.

Dagegen äußert sich weibliche Eifersucht eher verbal: in Vorwürfen, Bitten, Flehen, Weinen und hysterischen Ausbrüchen; ganz allgemein ist sie durch eine wesentlich stärker ausgeprägte Unsicherheit charakterisiert. Hierin zeigt sich nach wie vor die seit Urzeiten existierende, vor allem emotionale Identifikation einer Frau mit ihrer Beziehung und die Angst, diese zu verlieren. Da Frauen im Allgemeinen ausführlicher über ihre Gefühle und damit auch über ihre Eifersucht reden als Männer, besteht vielfach die – nachweislich falsche – Auffassung, Frauen seien grundsätzlich eifersüchtiger.

In einem Artikel mit dem Titel »Im Zentrum der eifersüchtigen Liebe«, der in der Zeitschrift *Psychology Today* veröffentlicht wurde, berichtet die amerikanische Psychologin Virginia Adams mit Bezug auf die genetischen Wurzeln in der Urzeit über die Ausprägungen der männlichen und weiblichen Eifersucht. Demnach versuchen Frauen, eine Partnerschaft, die durch eine Nebenbuhlerin gefährdet ist, zu retten, während betrogene Männer vor allem anderen bestrebt sind, ihr Gesicht zu wahren. Bezogen auf unsere Vorfahren bedeutet das nichts anderes, als dass Frauen befürchteten, den Ernährer der Familie zu verlieren, während Männer sich eher darum sorgten, ihren Status in der Jägergemeinschaft aufs Spiel zu setzen. Bei Frauen liegt das wahre Motiv ständiger Eifersucht offenbar häufig in einem Gefühl der eigenen Unzulänglichkeit, während Männer sich erst minderwertig fühlen, wenn sie glauben, einen konkreten Anlass für ihren Argwohn zu haben. Männer suchen die Schuld für ihre Eifersucht eher bei anderen, Frauen mehr bei sich selbst.

In einem sind sich die Forscher einig: Eifersucht – so verletzend sie auch sein kann und so schlimme Folgen sie auch haben mag – ist aus evolutionsbiologischer Sicht eine Strategie gegen Untreue, die sich letztendlich für beide Geschlechter auszahlt. Sie ist ein zwanghaftes, archaisches Gefühl, das viele Menschen beim Verdacht der Untreue ganz automatisch aktivieren – und zwar auch dann, wenn sie keinerlei Absicht haben, ihre Gene weiterzugeben. Dieses Gefühl treibt Männer zur Raserei, auch wenn sie gar nicht befürchten müssen, dass ihre Frau schwanger werden und ihnen das Kind eines anderen als ihr eigenes andrehen könnte, und es stürzt Frauen in Verzweiflung, auch wenn sie problemlos in der Lage sind, für sich selbst zu sorgen und ihre Kinder ohne männliche Unterstützung großzuziehen.

Insofern ist die Eifersucht geradezu ein Paradebeispiel dafür, dass der Urmensch nach wie vor mit Macht in uns wirkt, dass er unsere Entscheidungen und Handlungen in einem Ausmaß lenkt, dessen wir uns allenfalls ausnahmsweise einmal bewusst werden. Unsere vor Jahrmillionen entstandene und seit der Steinzeit nur minimal veränderte genetische Ausstattung treibt uns zu Verhaltensweisen, die in der heutigen Zeit unverständlich, absurd, ja bisweilen sogar grotesk erscheinen. Nur mit Mühe können wir uns dagegen wehren, denn sie sind in unserem Erbgut verankert wie unsere Körpergröße, unsere Augenfarbe und nicht zuletzt unsere Intelligenz. Wir mögen in hochmodernen Glaspalästen leben, umgeben von den neuesten Errungenschaften der Technik, wir mögen in der Lage sein, in atmungsaktiver Freizeitkleidung sämtlichen Tücken der Witterung zu trotzen, und wir mögen per Handy in Sekundenschnelle mit der anderen Seite der Welt Kontakt aufnehmen; trotz all dieser unbestreitbaren Errungenschaften unterscheiden wir uns aus biologischer Sicht allenfalls in Nuancen von unseren urzeitlichen Vorfahren, deren Knochen Forscher in allen Teilen der Welt Stück für Stück ans Tageslicht befördern.

Ob es uns passt oder nicht, wir können es einfach nicht ändern: Wir alle, auch du und ich, sind und bleiben Neandertaler des einundzwanzigsten Jahrhunderts.

EIFERSUCHT IST EINE LEIDENSCHAFT … 213

QUELLEN

Adams: Getting at the heart of jealous love; in: Psychology Today, 1980 (3)
Allensbacher Berichte: Gute und ungute Vorzeichen, 2005 (7)
Allman: Mammutjäger in der Metro; Spektrum Verlag, 1999
Ardrey: Der Wolf in uns; Krüger-Verlag, 1984
Bahnsein: Zurück zur Steinzeit; in: Die Zeit, 2005 (28)
Barrow: Der kosmische Schnitt – Die Naturgesetze des Ästhetischen; Spektrum-Verlag, 2002
Bilz: Wie frei ist der Mensch?; Suhrkamp-Verlag, 1973
Braem: Die magische Welt der Schamanen und Höhlenmaler; Du Mont-Verlag, 1994
Brater: Lexikon der rätselhaften Körpervorgänge; Eichborn-Verlag, 2002
Brockhaus – Phänomen Mensch; Brockhaus-Verlag, 1999
Brothers: Ich liebe ihn und ich möchte ihn auch verstehen; Heyne-Verlag, 1986
Buss: Die Evolution des Begehrens; Goldmann-Verlag, 2000
Buss: Evolutionäre Psychologie; Pearson-Studium, 2004
Buss: Wo warst du? – Vom Sinn der Eifersucht; Rowohlt-Verlag, 2003
Buss, Barnes: Preferences in human mate selection; in: Journal of Personality and Social Psychology, 1986 (50)
Collins: Men's voices and women's choices; in: Animal Behaviour, 2000 (60)
Conniff: The ape in the corner office; Crown-Business-Verlag, New York, 2005
Darwin: Die Entstehung der Arten durch natürliche Zuchtwahl; Nikol-Verlagsgesellschaft, 2004

Dawkins: Das egoistische Gen; Rowohlt-Verlag, 1996

Degen: Nicht nur Verdorbenes macht Angst; in: Tabula, 2005 (April)

Degen: Wenn das Essen hochkommt; in: Tabula, 2005 (April)

Dennis, Harris: Leben in der Steinzeit; Bibliographisches Institut, 2004

Diamond: Der dritte Schimpanse; Fischer-Verlag, 1998

Dolphy: Die das Fell auszogen; in: Junge Welt, 24.02.2005

Ebberfeld: Küss mich – Eine unterhaltsame Geschichte der wollüstigen Küsse; Piper-Verlag, 2004

Eibl-Eibesfeldt: Der vorprogrammierte Mensch; Orion-Heimreiter-Verlag, 1985

Eibl-Eibesfeldt: Die Biologie des menschlichen Verhaltens; Blank-Verlag, 2004

Ekman: Gesichtssprache; Böhlau-Verlag, 1988

Evatt: Männer sind vom Mars, Frauen von der Venus; Piper-Verlag, 2003

Franz: Zahnlos in der Steinzeit; in: Zeit Online, 2005 (24)

Garfinkel: In a man's world; Teen-Speed-Press, 1993

George: Expedition in die Urwelt; Gruner und Jahr, 1993

Gilbert, Bailey: Genes on the couch; Brunner-Routledge-Verlag, 2000

Glantz, Pearce: Exiles from Eden; W. W. Norton-Verlag, 1989

Grant, de Panafieu: Die Steinzeitmenschen; Arena-Verlag, 2002

Gray: Männer sind anders, Frauen auch; Mosaik-Verlag, 1998

Guggenberger, Schaidreiter: Extremsport – Warum immer mehr Jugendliche den Thrill suchen; Diplomarbeit an der Berufspädagogischen Akademie Innsbruck, 2003

Harris: Wohlgeschmack und Widerwillen; DTV-Verlag, 1995

Hartmann: Eine andere Art, die Welt zu sehen; Schmidt-Römhild-Verlag, 1997

Heji: Traumpartner – Evolutionspsychologische Aspekte der Partnerwahl; Springer-Verlag, 1996

Hergersberg: Tirili in Dur; in: Die Zeit, 2001 (16)

Hernegger: Psychologische Anthropologie; Beltz-Verlag, 1982

Hoffmann: Lexikon der Steinzeit; C. H. Beck-Verlag, 1999

Hutchison: Megabrain; Sphinx Medien Verlag, 1990

Jellouschek: Die Mutterrolle heute; Vortrag im Rahmen der internationalen Gleichberechtigungskonferenz, 1998

Jennions, Petrie: Why do females mate multiply?; in: Biological Revue, 2000 (75)

Johanson, Blake, Brill: Lucy und ihre Kinder; Spektrum Verlag, 2000

Johnson, Earle: The evolution of human societies; Stanford Universal Press, 1987

Jonas, Fester: Kinder der Höhle; Kösel-Verlag, 1984

Juan: Unser merkwürdiger Körper; DTV-Verlag, 2000

Jungblut: Rhhrrrhhrrr − Psychologie des Lachens; in: Zeitwissen, 2006 (01)

Kirstein, Tiefers: Leben und Alltag in der Steinzeit; BVK-Verlag, 2004

Klusmann: Warum gibt es Gefühle?; Online-Text: http://zpm.uke. unihamburg.de/WebPdf/evopsych.pdf

Koestner, Wheeler: Self-presentation in personal advertisements; in: Journal of Social and Personal Relationships, 1988 (5)

Krupp: Kleine Jäger in einer Welt voller Bauern; in: Berliner Zeitung, 1998 (8. Juli)

Kutzschenbach: Frauen, Männer, Management; Rosenberger-Verlag, 2004

Löbsack: Unter dem Smoking das Bärenfell; Weltbild-Verlag, 1994

Logue: Die Psychologie des Essens und Trinkens; Spektrum-Verlag, 1995

Lorenz: Die acht Todsünden der zivilisierten Menschheit; Piper-Verlag, 2005

Lornsen: Rokal, der Steinzeitjäger; Thienemann-Verlag, 1987

Marks, Nesse: Fear and fitness; in: Ethology and Sociobiology, 1994 (15)

Meyer: Zur Geschichte der evolutionären Psychologie; Online-Text: http://www.uni-bielefeld.de/psychologie

Micka: Eifersucht ist ein nützliches Erbe der Evolution; in: Die Welt, 19.02.2006

Miller: Die sexuelle Evolution; Spektrum-Verlag, 2001

Moir, Jessel: Brain Sex – Der wahre Unterschied zwischen Mann und Frau; Econ-Verlag, 1990

Molcho: Alles über Körpersprache; Mosaik-Verlag, 2002

Morris: Das Tier Mensch; VGS-Verlag, 1994

Morris: Der nackte Affe; Droemer Knaur-Verlag, 1968

Müller-Beck: Die Steinzeit; C. H. Beck-Verlag, 2004

Nesse, Williams: Warum wir krank werden; Goldmann-Verlag, 1994

Nesse: Evolutionary explanations of emotions; in: Human Nature, 1990 (1)

Neumann, Schöppe, Treml: Die Natur der Moral; Hirzel-Verlag, 1999

Niemitz: Das Geheimnis des aufrechten Gangs; Beck-Verlag, 2004

Nougier: Die Welt der Höhlenmenschen; Patmos-Verlag, 2004

Opaschowski: Xtrem – Der kalkulierte Wahnsinn; Germa-Press-Verlag, 2000

Palmer: Die Geschichte des Lebens auf der Erde; Primus-Verlag, 2004

Paulus: Hunger macht rastlos; in: Die Zeit, 2004 (11)

Pease: Warum Männer nicht zuhören und Frauen schlecht einparken; Ullstein-Verlag 2003

Pinker: Das unbeschriebene Blatt; Berlin-Verlag, 2003

Pinker, Bloom: Natural language and natural selection; in: Behavioral and Brain Sciences, 1990 (13)

Pollmer, Warmuth: Lexikon der populären Ernährungsirrtümer; Eichborn-Verlag, 2000

Pratschko: Alles Täuschungsmanöver; in: Focus, 2005 (16)

Probst: Deutschland in der Steinzeit; Bertelsmann-Verlag, 1991

Profet: Pregnancy sickness; Addison Wesley Publishing Company, 1997

Reichholf: Warum wir siegen wollen; DTV-Verlag, 2001

Rubin: Machiavelli für Frauen; Fischer-Verlag, 2000

Sanides: Renaissance des biologischen Determinismus; in: Neue Zürcher Zeitung, 2000 (42)

Schmitz, Thissen: Neandertal; Spektrum Verlag, 2002

Schneider: Wir Neandertaler; Stern-Bücher, 1988

Schrenk, Brommage: Adams Eltern, C. H. Beck-Verlag, 2002

Schwanitz: Männer; Eichborn-Verlag, 2001

Sigmund: Spielplätze – Zufall, Chaos und die Strategie der Evolution; Droemer-Knaur-Verlag, 1997

Singh: Body Shape and Female Attractiveness; in: Human Nature, 1993 (4)

Sklenitzka, Jakobs: Die Steinzeitmenschen; Arena-Verlag, 2004

Sommer: Von Menschen und anderen Tieren; Hirzel-Verlag, 1999

Stanford, Bunn: Meat eating and human evolution; Oxford University Press, 2001

Süßenbacher: Prehistoric fire usage and its relevance to the evolution of consciousness; in: Journal of Consciousness Studies, 2002 (304)

Symons: The evolution of human sexuality; Oxford University Press, 1981

Tannen: Du kannst mich einfach nicht verstehen; Goldmann-Verlag, 2004

Tiger, Fox: Das Herrentier – Steinzeitjäger im Spätkapitalismus; DTV-Verlag, 1982

Tooby, Cosmides: Evolutionary psychology and the generation of culture; in: Ethology and Sociobiology, 1989 (10)

Tooby, Cosmides: The past against the present; in: Ethology and Sociobiology, 1990 (11)

Trinkaus, Shipman: Die Neandertaler – Spiegel der Menschheit; Bertelsmann-Verlag, 1993

Uhl, Voland: Angeber haben mehr vom Leben; Spektrum-Verlag, 2002

Voland: Grundriss der Soziobiologie; Spektrum-Verlag, 2000

Weinberger: Evolution und Ethologie; Springer-Verlag, 1983

Weiner: Zeit, Liebe, Erinnerung; Siedler-Verlag, 2000

Weiss: The great divide – How females and males really differ; Simon und Schuster-Verlag, 1991

White: Thoughts on social relationships and language in hominide evolution; in: Journal of Social and Personal Relationships, 1985 (2)

Wieck: Männer lassen lieben – Die Sucht nach der Frau; Fischer-Verlag, 1990

Wilson: Darwins Würfel; Claassen-Verlag, 2000

Wilson: Der Wert der Vielfalt; Piper-Verlag, 1997

Wright: Diesseits von Gut und Böse; Limes-Verlag, 1996

Wuketits: Soziobiologie; Spektrum-Verlag, 1997

Wunderlich: Die Steinzeit ist noch nicht zu Ende; Rowohlt-Verlag, 1985

Zigman: Alte Kuh – neue Kuh; Goldmann-Verlag, 1998

Zimmer: So kommt der Mensch zur Sprache; Heyne-Verlag, 1994

REGISTER

Abweichler 148f.

Adrenalin 51f.

ADS 135f.

Alte Männer 197f.

Altruismus 154f.

Angstzustände 76f.

Anhängsel 57f.

Appetit 100ff.

Arbeit 179ff.

Augenblick 156f.

Außenseiter 147ff.

Autofahren 89f.

Babysprache 60f.

Ballaststoffe 107ff.

Bandscheiben 122f.

Bauch 90ff.

Baum 66ff.

Behaarung 48ff.

Bergsteigen 85f.

Berichtssprache 172f.

Beruf 179ff.

Bewegungsapparat 121

Beziehungssprache 172f.

Bierbauch 102

Biophilie 67

Bitterstoffe 110f.

Blinddarm 57f.

Blitz 77f.

Blut 75

Blutspender 154

Blutzucker 105ff.

Brustkrebs 127ff.

Busen 200

Candlelight-Dinner 24f.

Cayon-Rafting 85

Cholezystokinin 101

Clubs 176

Cro-Magnon-Mensch 11

Darwin 7, 112

Dauerlauf 87f.

Depression 133f.

Diät 104

Dominanz 195

Drängeln 89f.

Duft 204ff.

Eifersucht 210ff.

Einkaufsbummel 185f.

Einparken 184

Eishotel 85

Ekel 112ff.

Entscheidungen 32, 34, 90f., 204f., 213

Erbrechen 114ff.

Evolution 7ff., 57, 69, 79, 88, 122, 167, 193f.

Extremsport 85

Fallschirmspringen 85
Fast Food 109
Fastentag 116
Fersensporn 124
Fett 98, 100ff., 104
Fettpolster 111ff.
Feuerschlucker 26
Feuerwaffen 80
Feuerwerk 25ff.
Feuerzangenbowle 25
Fight or Flight 51
Fitness 142, 194, 199
Fitnessgeräte 100
Flambieren 25
Flecken auf der Haut 26f.
Fleisch 103, 108
Flugangst 76
Fluss 69f.
Fortpflanzung 210
Free-Climbing 85
Freitag, 13. 30f.
Fremde 143f., 145f., 149f.
Fremdeln 144ff.
Fressorgie 96
Fußball 181ff.
Gähnen 53ff.
Gänsehaut 50
Gebrauchsanleitung 91f.
Geduld 156
Gelächter 174f.
Geld 157
Geruch 204ff.
Geschmack 109ff.
Gesichter 192f.

Gesten 159f., 161f.
Getier 73ff.
Gewitter 77f.
Glücksbringer 32f.
Grillen 22f.
Großbrand 25
Gruppe 139f., 141, 176
Gruppenhierarchie 176
Gute Partie 198
Gute Tat 155
Haare 48ff., 202ff.
Harem 211
Haus im Grünen 66ff.
Haustiere 68f.
Hautkrebs 126f.
Hellseherin 34
Herrschertiere 103
Hicksen 59
Höhenangst 76
Hominiden 11
Homo erectus 9, 166
Homo habilis 9, 99, 166
Homo socialis 150ff.
Horoskop 31
Hüftumfang 199f.
Hungerphasen 96
Innere Uhr 78
Insulin 105
Intuition 186ff.
Jagd 83f., 86, 168, 179ff.
Jetlag 78
Jojo-Effekt 104f.
Kalorien 97
Kalte Füße 51

Kalte Schauer 53
Kamin, offener 23f.
Kerzen 24f.
Keuschheitsgürtel 211
Kiefer 58
Klatsch 153
Klaustrophobie 76
Kleeblatt 32
Kleidung 147f., 185f.
Koinzidenz 35f.
Konformität 147f.
Kooperation 152
Kopf kratzen 56f.
Kopuline 204
Körpergröße 195
Körpersprache 159f., 187
Kosmetik 202
Krebs 127ff.
Kuckucksterz 72f.
Kuss 206f.
Lachen 160, 174f.
Lagerfeuer 21f.
Lampenfieber 148f.
Landschaft 67
Langstreckenlauf 86ff.
Lärm 52f.
Laternenumzug 26
Laufwettbewerbe 86
Leichtathletik 86
Logo 38f.
Lotto 35
Magersucht 131ff.
Mann am Steuer 89f.
Männerhorden 176ff.

Marathonlauf 86f.
Marke 38f.
Mc Donalds 39, 109
Medizingeräte 41
Melanom 126
Melodie 93
Menopause 128
Menstruation 127f.
Mimik 159, 174
Missklang 92f.
Mobbing 144ff.
Mode 147
Musik 92f.
Nächstenliebe 155
Naschen 106
Nasennebenhöhlen 58
Natur 66ff.
Neandertaler 10ff.
Niedergeschlagenheit 134
Nike 39
Notruf 72f.
Ohrenwackeln 47f.
One Trial Learning 115
Orientierung 184f.
Osterfeuer 26
Ötzi 141
Paarungswert 194
Panuresis 189
Partnerwahl 193, 198, 206
Party 186
Pheromone 205
Phobie 69, 73ff., 76
Pilzsammler 41, 72
pinkeln 188ff.

Plazebo 39f.
Pranger 149
Promiskuität 208
Proportionen 199
Pythia vom Rhein 34
Raucher 156f.
Raumangst 76
Restaurant 66
Risiko 85
Rockband 178f.
Rollenverständnis 180
Roulette 36
Rücken zur Wand 65f.
Rückenschmerzen 123
Rudimente 57
Ruhestand 181
Salz 107ff.
Sammeln 41ff.
Savanne 68
Schimpansen 7,56, 92f., 105,
149, 153, 167, 173
Schlangen 73
Schluckauf 59
Schönberg 35
Schönheitsideale 193ff., 202ff.
Schwangerschaft 102, 128f.,
129ff.
Schwangerschaftserbrechen
129ff.
Schweißausbruch 51
Schwergewicht 96ff.
Séance 33
Seitensprung 207f.
Selektion 9

Sex 9, 192, 193, 207, 208
Shoppen 185f.
Sippe 139ff.
Sitzen 121ff.
Sitzplatz 66
Sitzpositionen 122f.
Sonne 46
Sonnenbrand 126
Sozialer Status 141f., 170, 194,
197, 198
Spinnen 73
Spontane Aktionen 90ff., 156f.
Sport 100, 181
Sprache 161f., 166ff., 169ff.
Statistik 38
Statussymbol 89f., 141f.
Steckdose 77
Steißbein 57
Sternschnuppe 33
Stimme 196f.
Stress 51ff., 189
Struwwelpeter 26f.
Süßigkeiten 105ff.
Süßstoff 106ff.
Symmetrie 192f.
Sympathie 157ff.
Tätowierung 141
Teamarbeit 151f.
Telefon 169f.
Tempo 86ff.
Territorium 142f.
Testosteron 49
Traum 31f.
Treue 207ff.

Triskaidekaphobie 30f., 35
Übelkeit 51, 75, 114ff., 129ff.
Übergewicht 99
Überholen 89f.
Übersprunghandlung 56f.
Ufer 69f.
Ultimativer Kick 85f.
Umami 110
Unabomber 13
Untreue 207ff., 211, 213
Urängste 76f.
Urinieren 188ff.
Variation 9
Vergewaltigung 71
Verirren 71f.
Vermenschlichen 159
Versorgungsqualitäten 194
Vierbeiner 68f.

Vitamine 117
Waffen 79f., 83f.
Wagemut 188
Waidmann 84
Wasser 69f.
Weibliche Intuition 186ff.
Weisheitszähne 57ff.
Wetterfühligkeit 124ff.
Wettkampf 182, 185
Winter-Camping 85
Wirbelsäule 121
Wohlklang 92f.
Würfelspiel 36
Zappelphilipp 135f.
Zeitzonen 78
Zirkadianer Rhythmus 78
Zucker 105ff., 109
Zuckerkrankheit 98, 108

REGISTER 225